OL
567.

O. 1420.
B.

VOYAGE
EN CALIFORNIE.

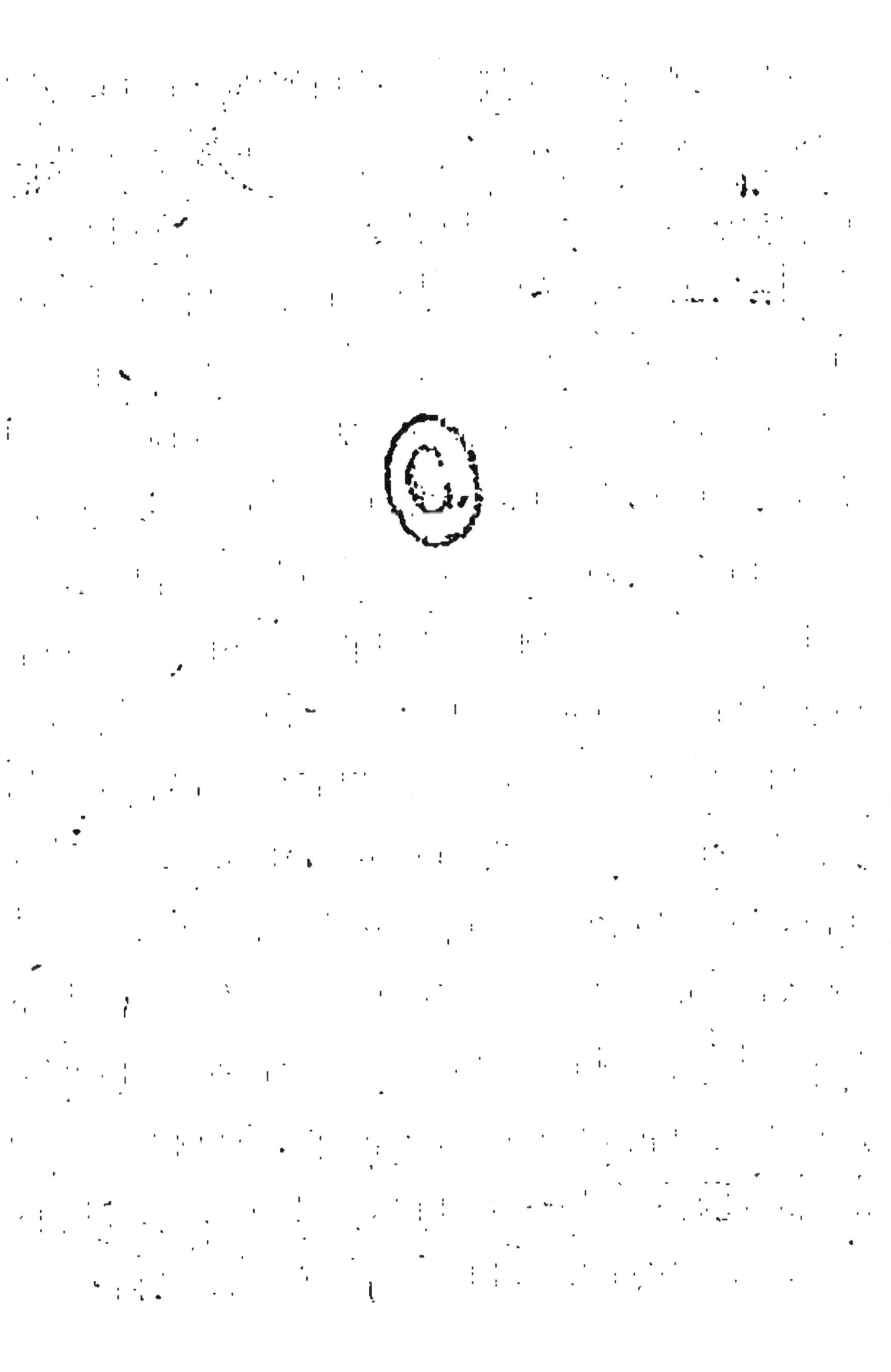

VOYAGE EN CALIFORNIE

POUR L'OBSERVATION

DU

PASSAGE DE VÉNUS

SUR

LE DISQUE DU SOLEIL,

Le 3 Juin 1769;

Contenant les observations de ce phénomene, & la description historique de la route de l'Auteur à travers le Mexique.

Par feu M. CHAPPE D'AUTEROCHE, *de l'Académie Royale des Sciences.*

Rédigé & publié par M. DE CASSINI fils, de la même Académie, Directeur en survivance de l'Observatoire Royal de Paris, &c.

A PARIS,

Chez CHARLES-ANTOINE JOMBERT, Libraire du Roi pour l'Artillerie & le Génie, rue Dauphine, à l'Image Notre-Dame.

M. DCC. LXXII.

AVEC APPROBATION, ET PRIVILEGE DU ROI.

AVANT-PROPOS.

Le Voyage de M. Chappe à la Californie fixoit depuis long-temps l'attention des Savants. L'obſervation du paſſage de Vénus ſur le Soleil, faite dans cette partie de la Mer du Sud, étoit ſans doute une des plus importantes & des plus favorables pour la détermination de la parallaxe du Soleil.

La nouvelle du ſuccès complet des opérations de M. Chappe arriva enfin; mais les ſentiments qu'elle devoit cauſer furent bien altérés par celle de la mort de cet Aſtronome, que l'on apprit en même temps, & qui avoit ſuivi de près l'époque de l'obſervation.

Les papiers de M. Chappe ne parvinrent en France que vers la fin de l'année 1770. M. Pauly, à qui M. Chappe les avoit confiés en mourant, les remit entre les mains de mon pere le 7 Décembre, & le même jour ils furent dépoſés à l'Académie. L'impatience du public à connoître le réſultat d'une obſervation ſi intéreſſante, ne permit pas de différer plus long-temps à l'en inſtruire. M. de la Lande publia dans la Gazette du 14 Décembre 1770 la parallaxe du Soleil déduite de l'obſervation faite à San-Joſeph. Par cet empreſſement à ſatisfaire la curioſité du monde ſavant, l'Académie ne ſe crut point diſpenſée de faire connoître & de mettre ſous les yeux du public les détails circonſtanciés d'une obſervation ſi importante à diſcuter. Je fus chargé en

A

conféquence de mettre en ordre , de rédiger & de calculer toutes les obfervations que M. Chappe avoit faites
à San-Jofeph ; enfin de tirer de fes manufcrits originaux
tout ce qui méritoit d'être publié.

C'eft de cette commiffion que je m'acquitte aujour-
d'hui dans cet ouvrage.

Je l'ai divifé en deux parties.

La premiere contient la relation du voyage de l'Auteur. Ce que j'ai trouvé de relatif à cet objet dans les
papiers de M. Chappe qui m'ont été remis, étoit fi peu
de chofe, que je n'aurois guere pu donner ici qu'un Journal itinéraire très ftérile, fans le fecours de MM. Noël
& Pauly. J'ai donc fait ufage de ce qu'a pu me fournir
la mémoire de ces deux compagnons de voyage de
M. Chappe, qui ont eu de plus l'avantage de faire deux
fois la même route en allant & en revenant ; mais, malgré ce fecours, dont je n'ai dû même profiter qu'avec
beaucoup de difcrétion, je ne me flatte point de donner
ici une relation bien intéreffante : l'Auteur feul eût été
en état de ne rien laiffer à defirer , foit pour l'inftruc-
tion, foit pour l'agrément.

Cette relation eft fuivie des obfervations phyfiques
& des expériences qui ont été faites dans le courant du
voyage ; elles ne font point auffi complettes ni peut-être
en auffi grand nombre qu'elles auroient pu l'être fi elles
euffent été rédigées par l'Auteur lui-même. J'ai été
obligé d'en rejetter une grande partie faute de détails
affez circonftanciés qui puffent me faire juger de leur de-

gré de précision ; car je penfe qu'il vaut mieux ne donner qu'une obfervation bien faite, que d'en rapporter un grand nombre de douteufes. Pour dédommager le public de la perte qu'il a faite par la mort de M. Chappe, furtout du côté de l'hiftoire naturelle dont cet Académicien eût pu faire la plus ample moiffon, j'ai joint ici l'extrait d'une lettre de Don Jofeph Antoine de Alzate y Ramirez, adreffée à l'Académie, & contenant des obfervations très intéreffantes fur l'hiftoire naturelle des environs de la ville de Mexico.

La feconde partie contient le détail le plus complet & le plus circonftancié qu'il m'a été poffible de le donner, des obfervations aftronomiques que M. Chappe a faites à San-Jofeph, relativement au paffage de Vénus qui étoit le principal objet de fon voyage. Je n'ai rien épargné pour donner à cette partie, la plus importante de cet Ouvrage, toute la clarté, la précifion, & l'étendue que l'on pouvoit defirer ; j'ai calculé, difcuté, & rédigé plufieurs fois chaque obfervation, que je me fuis fait une loi de rapporter d'abord telle que je l'ai trouvée dans le regiftre original : fi j'en ai quelquefois rejetté quelqu'une, fi j'ai changé quelque chofe au texte, ce n'a été qu'après avoir reconnu très évidemment quelque erreur, par des comparaifons, des calculs, & une difcuffion très attentive. C'eft ce qui a eu lieu, par exemple, à l'égard de plufieurs hauteurs méridiennes dans lefquelles M. Chappe s'eft trompé, par rapport au figne qui indique s'il faut ajouter ou retrancher les parties du micrometre.

L'on trouvera d'abord, comme je viens de le dire, chaque obſervation telle que je l'ai tirée du regiſtre original, enſuite telle que je l'ai réduite par mes calculs, avec ſon réſultat que l'on pourra par conſéquent vérifier ſi on le juge à propos.

J'ai terminé cet Ouvrage par un expoſé des travaux qu'a occaſionné depuis deux ſiecles la recherche de la parallaxe du Soleil. Le Lecteur y verra peut-être avec plaiſir raſſemblés ſous un même point de vue les réſultats des obſervations des deux derniers paſſages de Vénus ſur le Soleil, faites dans les différentes contrées. Ce Mémoire pourroit être regardé comme une introduction ou le canevas d'une hiſtoire complette de la parallaxe du Soleil; ouvrage qui, entrepris par une plume habile, ne manqueroit pas de devenir extrêmement intéreſſant pour les Savants, ce morceau formant une branche principale de l'hiſtoire de l'Aſtronomie & des progrès de l'eſprit humain.

Le Lecteur aura lieu ſans doute de regretter la main de l'Auteur, auquel je n'ai ſuppléé que bien imparfaitement de toute façon. Mais peut-on peindre l'objet que l'on n'a pas vu, avec les mêmes couleurs que celui qui l'a ſous les yeux? On ne diſcute point les obſervations que l'on n'a point faites, avec la même ſagacité que peut le faire l'Obſervateur même. Les Journaux les plus circonſtanciés ne comprennent ſouvent pas la moitié de ce qu'un étranger voudroit y trouver; l'Auteur en réſerve toujours une grande partie dans ſa mémoire. M. Chappe, traverfant le Mexique pour gagner la Californie où il craignoit d'arriver trop tard, fe propofoit de faire en repaffant, à fon retour, par la même route, une moiffon abondante de remarques & d'obfervations curieufes que fon premier coup d'œil avoit pu faifir, mais dont il n'a pas cru devoir faire note dans fes Journaux avant de les avoir vérifiées par un fecond examen moins rapide. Combien n'avons-nous pas à regretter que cet Académicien foit mort avant d'avoir pu nous donner les moindres notions fur la Californie, pays fi peu connu, & par-là fi digne de curiofité ! Car pouvons-nous donner une entiere confiance à des voyageurs peu inftruits, ou à des miffionnaires quelquefois fi remplis des objets de leur zele, qu'ils font incapables de donner l'attention néceffaire à tout ce qui eft étranger à leur but, quand ils auroient d'ailleurs toutes les connoiffances requifes pour fatisfaire la curiofité des lecteurs? MM. Pauly & Noël, qui ont eu le bonheur d'échapper à la maladie cruelle dont M. Chappe a été la victime, n'ont pu me donner aucun éclairciffement fur la Californie. Pénétrés de la perte affreufe qu'ils avoient faite, ils n'ont guere pu s'occuper d'acquérir des connoiffances fur un pays qui leur avoit été fi funefte, & dont mille raifons les engageoient à s'éloigner, ce qu'ils firent le plutôt qu'il leur fut poffible. Il n'y a donc dans cet Ouvrage que la partie des Obfervations Aftronomiques qui puiffe être regardée comme complette. Quant aux autres parties, foit Hiftorique, Phyfique, ou Géographique, on n'y trouvera que peu de chofe ; j'en préviens le lecteur, & l'on ne peut en accufer qu'un événement d'autant plus trifte pour moi, que j'ai d'une part à regretter les mêmes pertes que le public, & de l'autre celle d'un confrere & d'un ami.

VOYAGE
EN CALIFORNIE
POUR OBSERVER
LE PASSAGE DE VÉNUS
SUR LE DISQUE DU SOLEIL.

PREMIERE PARTIE.

RELATION DU VOYAGE DE L'AUTEUR.

Je partis (1) de Paris le 18 Septembre 1768 pour me rendre au Havre-de-Grace où je devois m'embarquer ; Départ de Paris.

(1) Le Journal de M. Chappe ne commence qu'à son départ de Cadix pour la Vera-Crux. Tous les faits que je rapporte au commencement de cette Relation, antérieurs à cette époque, ont été tirés en partie de différentes lettres que M. Chappe a écrites, & en partie de ce que j'ai pu rassembler des différentes personnes qui l'ont accompagné.

j'étois accompagné d'un domeſtique & de trois autres perſonnes qui s'étoient engagées à me ſuivre en Californie, & à partager avec moi les travaux & les dangers d'un ſi long voyage. M. Pauly, Ingénieur Géographe du Roi, des talents duquel j'attendois les plus grands ſecours, devoit me ſeconder dans mes opérations aſtronomiques & géographiques : M. Noël, Eleve de l'Académie de Peinture, étoit deſtiné aux ouvrages qui avoient rapport à ſon art ; deſſeins de vue de côtes, peintures d'après nature de plantes, d'animaux ; en un mot, de tout ce qui pouvoit ſe rencontrer d'intéreſſant ſur notre route : enfin le ſieur Dubois, Horloger, devoit veiller à la conſervation de mes inſtruments, & réparer les petits accidents qui ne ſont que trop fréquents dans un voyage de long cours.

Lorſque, ſe repréſentant l'étendue d'un trajet de pluſieurs milliers de lieues, tel que celui que j'allois entreprendre, l'on ſongera qu'un ſeul malheureux inſtant, le moindre nuage, pouvoit en un jour rendre inutiles tant de travaux & de dépenſes ; on ne trouvera pas ſuperflues ſans doute les précautions que j'avois priſes pour tirer de mon voyage d'autres fruits, qui puſſent, au cas que je manquaſſe l'obſervation, dédommager en partie de cette perte : l'Aſtronomie, la Géographie, la Phyſique & l'Hiſtoire Naturelle étoient les objets que je m'étois propoſés. Si le cortege d'inſtruments & de matériaux néceſſaires pour les remplir avoit quelque choſe d'embarraſſant pour moi, & de diſpendieux, j'en étois bien dédommagé par l'eſpérance de rendre mon voyage utile en pluſieurs genres.

J'arrivai au Havre-de-Grace le 21 Septembre ; je trouvai le bâtiment *le Nouveau Mercure*, commandé par le Capitaine le Clerc, prêt à mettre à la voile pour Cadix ; je m'y embarquai le 27 avec toute ma ſuite & mes inſtruments, & le lendemain nous partîmes. La traverſée fut très dure : nous eſſuyâmes un coup de vent au nord

du

du cap Finiſtere, qui rendit la mer extrêmement agitée pendant près de huit jours : les vents d’ailleurs nous furent preſque toujours contraires; de ſorte que nous employâmes vingt-un jours à nous rendre du Havre-de-Grace à Cadix, traverſée qui ſe fait communément en moitié moins de temps.

Nous arrivâmes à Cadix le 17 Octobre. La Flotte Eſpagnole, avec laquelle nous devions paſſer à la Vera-Crux, étoit déja en rade depuis un mois, & paroiſſoit n’attendre que le moment de mettre à la voile. Je m’en félicitai d’abord; car j’ignorois combien ce départ, qui me ſembloit ſi proche, étoit encore éloigné : je prévoyois encore moins les difficultés que j’allois éprouver, & qui devoient ſe joindre aux déſagréments d’un retard qui me fit mille fois déſeſpérer de pouvoir arriver aſſez à temps en Californie.

Arrivée à Cadix.

Dès le moment que je fus débarqué, je m’empreſſai d’aller rendre mes devoirs au Gouverneur de Cadix, à l’Intendant de la Marine, & à M. le Marquis de Tilly, Général de la flotte. Je reçus de ces Meſſieurs l’accueil le plus favorable. M. de Tilly ayant bien voulu me communiquer les ordres de ſa Cour, qui lui enjoignoient de m’embarquer ſur la flotte avec un Horloger & un Deſſinateur ſeulement, je fus dans le plus grand étonnement de voir qu’il n’étoit point queſtion de M. Pauly, mon ſecond. Je repréſentai à M. de Tilly que cette omiſſion, qui tomboit préciſément ſur le ſujet de ma ſuite qui m’étoit le plus néceſſaire, ne pouvoit être qu’une mépriſe : il le ſentit parfaitement, & m’aſſura que je n’éprouverois de ſa part aucune difficulté à ce ſujet. Mais malheureuſement l’embarquement des paſſagers ne dépendoit pas abſolument de lui; cela regardoit principalement M. le Marquis de Real-Theſoro, Préſident de la *Contractation*, & c’étoit à lui qu’il falloit s’adreſſer. Ce fut alors que j’éprouvai de nouveaux obſtacles.

B

Dans les ordres de la Cour, communiqués par M. l'Intendant à M. le Préſident de la Contraction, il n'étoit queſtion que de moi. Celui-ci, en conſéquence, bien loin de permettre que M. Pauly m'accompagnât, ne voulut expédier des ordres que pour moi ſeul, & un unique inſtrument.

L'on juge de ce que des difficultés ſi inopinées me firent ſouffrir : elles m'avoient paru dans leur naiſſance faciles à lever par de ſimples explications ; mais je vis bientôt que je n'avois rien à eſpérer par cette voie. Je pris donc le parti de dépêcher un courier à M. le Marquis d'Oſſun, notre Ambaſſadeur, pour lui faire part de ma ſituation, & demander à la Cour d'Eſpagne des ordres clairs & précis qui ne donnaſſent plus ſujet à de nouvelles conteſtations. Le courier revint au bout de huit jours ; & tout fut enfin concilié à ma ſatisfaction. Je fis tranſporter mes inſtruments à bord du vaiſſeau commandant, & j'attendis avec la plus grande impatience le moment de m'y embarquer moi-même avec toutes les perſonnes de ma ſuite.

Je comptois déja un mois de ſéjour & d'inquiétude depuis mon arrivée à Cadix, & le moment de notre départ étoit encore incertain : calculant alors le temps néceſſaire pour nous rendre à la Vera-Crux, celui que nous emploierions à parcourir trois cents lieues de terre depuis la Vera-Crux juſqu'à *San-Blas*, & à traverſer enſuite la Mer Vermeille pour gagner la Californie ; je prévoyois une impoſſibilité morale d'arriver aſſez à temps pour faire notre obſervation, pour peu que l'on tardât encore à mettre à la voile. J'écrivis à ce ſujet à M. le Marquis d'Oſſun, demandant qu'au cas que la flotte ne partît pas ſur le champ, il me fût permis de m'embarquer ſur le premier bâtiment, quel qu'il fût, pourvu que ſans différer il pût nous tranſporter à la Vera-Crux, dans le moins de temps poſſible.

La Cour d'Eſpagne, ſentant la néceſſité de prendre un

tel parti, acquiesça à une demande que le zele seul pouvoit dicter. Il y eut ordre, en cas de retard de la flotte, d'équiper sur l'heure une balandre ou petit bâtiment pour me transporter à la Vera-Crux avec MM. Doz & Médina, Officiers de Marine, & Astronomes de Sa Majesté Catholique, destinés à faire, de concert avec moi & dans le même lieu, l'observation du passage de Vénus.

Ce nouvel ordre de la Cour change bientôt les choses de face ; je touche enfin à ce moment si desiré & qui sembloit me fuir depuis si long-temps. Un bâtiment de douze hommes d'équipage est bientôt équipé ; je suis encore moins de temps à y faire transporter mes instruments qui étoient à bord du vaisseau commandant de la flotte. La fragilité du brigantin où j'allois m'exposer, & au sujet de laquelle quelques personnes vouloient m'intimider, n'étoit à mes yeux qu'un mérite de plus ; jugeant, par sa légéreté, de la vîtesse de sa marche, je le préférois au plus beau vaisseau de ligne. Nous partons enfin, & j'éprouve en ce moment un sentiment de joie & de satisfaction qui ne devoit se renouveller qu'à mon arrivée en Californie.

Je ne m'arrêterai pas à donner ici le Journal de notre traversée de Cadix à la Vera-Crux (1); elle n'offrit que des événements communs à tous les voyages de long cours sur mer : il n'est sorte de temps qu'on n'y éprouve ; calme, tempêtes, vents, tantôt favorables, & tantôt contraires. Voilà en peu de mots l'historique de la plupart des voyages des marins ; nous pouvons ajouter, par rapport au nôtre, une agitation continuelle de la part de notre petit bâtiment, que sa légéreté rendoit le jouet de la moindre vague.

Départ de
Cadix.

---

(1) C'est ici que commence le Journal suivi de M. Chappe. Je crois devoir épargner au lecteur l'ennui des détails d'une longue navigation qui n'offre rien de particulier.

B ij

Je m'occupai, pendant toute cette traverfée, de nombre d'expériences & d'obfervations phyfiques & aftronomiques ; telles que la comparaifon des hauteurs de différents thermometres, les uns plongés plus ou moins avant dans la mer, les autres expofés à l'air libre (1): je déterminai, fous différentes latitudes, la déclinaifon & l'inclinaifon de l'aiguille aimantée : enfin je fis plufieurs obfervations de la diftance de la Lune aux étoiles. Je ne cacherai point les difficultés que j'éprouvai en voulant employer le mégametre à ces obfervations (2). J'effayai plufieurs fois de faire ufage de cet inftrument, je n'y pus réuffir que dans une feule occafion où le vaiffeau n'éprouvant ni roulis ni tangage, je vins à bout de conferver parfaitement la Lune dans la lunette, ce qui étoit impoffible toutes les fois que la mer étoit un peu forte ; peut-être n'éprouvai-je ces difficultés que par le défaut d'ufage : quoi qu'il en foit, je fus obligé d'avoir recours à l'octant, dont je me fervis avec beaucoup plus de facilité & de fuccès. Je tentai auffi inutilement l'obfervation des Satellites de Jupiter, avec la nouvelle lunette propofée à l'Académie par M. l'Abbé Rochon. Cette lunette, il eft vrai, avoit un champ un peu trop petit; j'y confervois d'ailleurs affez bien Jupiter, mais les Satellites m'échappoient.

Ces différents effais me donnerent lieu de penfer que l'on réuffira difficilement à inventer des inftruments d'un ufage facile à la mer, fi on leur donne d'autre appui que la main même de l'Obfervateur. Je ferai encore une

---

(1) On trouvera les détails de ces expériences à la fuite de la relation.

(2) Je dois avertir que toutes les réflexions fuivantes fur les différents inftruments propres à obferver en mer & à déterminer les longitudes, font tirées prefque mot à mot du Journal de M. Chappe ; je ne me fuis jamais permis d'y rien ajouter dans les matieres qui peuvent avoir quelque importance, & fur-tout dans celles où l'Auteur a une façon de penfer qui lui eft propre.

remarque fur la détermination des longitudes par des diftances de la Lune aux étoiles ; les longs calculs qu'exige
cette méthode, la précifion & les attentions que demande
l'obfervation même, me font douter que l'on en faffe
jamais ufage fur les vaiffeaux marchands. Il faut, je l'a-
voue, le plus grand zele de la part des perfonnes même
les plus inftruites, pour ajouter aux fatigues de la mer
celle d'une obfervation délicate & des longs calculs qui
la fuivent. C'eft ce qui me perfuade que l'ufage des mon-
tres fera, par fon extrême facilité, plus généralement
utile à la marine : il n'exige point d'autres inftruments
que ceux dont les marins fe font fervis jufqu'ici, & qui
leur font familiers : l'obfervation ne demande aucune
délicateffe : enfin le calcul en eft court & facile; avantage
de la plus grande conféquence dans bien des cas, & fur-
tout à la mer.

Ces différentes opérations, auxquelles je me livrai
pendant toute la traverfée, abrégerent pour moi les
foixante & dix-fept jours qu'elle dura. Au refte, la vie
que l'on mene fur mer n'eft ennuyeufe & uniforme que
pour ceux dont les yeux accoutumés à ne rien voir jet-
tent un regard indifférent fur toute la nature ; mais pour
tout autre, il eft fur mer des fpectacles bien capables d'intéreffer l'efprit & la raifon : la nature a des beautés jufques dans fes horreurs, & c'eft peut-être là même où elle
eft le plus admirable & le plus fublime. Le calme d'un
beau jour eft en quelque forte moins intéreffant que ces
moments de trouble, où les flots, foulevés par les vents,
femblent fe confondre avec le ciel. Des abîmes profonds
s'ouvrent à chaque inftant : l'homme frémit en ce moment à la vue du danger qu'il croit inévitable ; mais,
voyant bientôt le calme fuccéder à la tempête, fon admiration fe tourne alors fur lui-même, fur le vaiffeau,
fur le pilote, reftés vainqueurs de l'élément le plus ter-
rible. Un fentiment d'orgueil s'empare alors de lui, & il
fe dit à lui-même : Si l'homme, par fon individu, n'eft

qu'un point au milieu de ce vaste univers ; il est, par son génie & par son audace, digne d'en embrasser l'étendue, & d'en pénétrer les merveilles.

Rien en effet de plus capable de donner une haute idée de la portée de l'esprit humain que cet art, aujourd'hui si perfectionné, de se guider avec sureté au milieu d'une route inconnue, & de traverser, sur une maison flottante, des espaces immenses, en dépit de deux éléments réunis. L'on ne peut sans doute réfléchir aux dangers sans nombre que la mer nous offre, sans s'écrier avec Horace :

> Illi robur & æs triplex
>   Circa pectus erat, qui fragilem truci
>   Commisit pelago ratem.

C'est ce que je répétai mille fois pendant notre traversée, en songeant aux Christophe Colomb, aux Gryalva ; en un mot, à ces premiers navigateurs intrépides, qui, pour chercher un nouveau monde, sur le seul soupçon que leur génie leur suggéroit de son existence, oserent entreprendre, il y a près de trois siecles, ces mêmes voyages que nous regardons aujourd'hui comme dangereux, quoiqu'aidés de mille secours dont la navigation étoit encore privée du temps de ces grands hommes.

Nous arrivâmes à la Vera-Crux le 6 ~~Mai~~, vers deux heures après midi. Nous étant approchés de la côte jusqu'à la distance d'une lieue & demie, nous jettâmes l'ancre, attendant au lendemain à doubler les brisants qui défendent l'entrée du port ; nous ne pûmes y parvenir que le huitieme jour, où nous entrâmes dans le canal : ce fut alors que, nous trouvant environnés d'écueils de toutes parts, nous fîmes signal à terre pour demander un pilote côtier, & arborâmes pavillon François ; c'étoit le véritable moyen de n'être point secourus. MM. Doz & Médina avoient conseillé avec raison à notre Capitaine de fubftituer pavillon Efpagnol au fien ; il ne le voulut point, & penfa par-là caufer notre perte. En effet, l'entrée du port de la Vera-Crux étant défendue à tout bâtiment étranger, on ne répondit à notre fignal que par un coup de canon, pour nous obliger à mouiller dans le canal même : c'étoit abfolument vouloir nous faire périr. Ce canal conduit au port au milieu des rochers qui refferrent tellement le paffage qu'il n'y a de place que pour un feul vaiffeau. Il fouffloit alors un vent de nord, qui, portant fur ces rochers, rendoit le mouillage extrêmement dangereux dans une paffe auffi étroite : il fallut bien cependant fe réfoudre à y jetter l'ancre, fur l'ordre exprès qu'on nous en fit fignifier par une chaloupe qui vint à notre bord.

La pofition où nous nous trouvâmes étoit alors tellement critique, que, de cent bâtiments dans le même cas, il n'en échappe pas deux, comme nous l'apprîmes par la fuite. Nous reftâmes ainfi dans l'attente cruelle de nous voir à tout moment entraînés & fracaffés contre les écueils qui nous environnoient, jufqu'à ce que le Gouverneur de la Vera-Crux, apprenant que notre vaiffeau, quoique François, venoit par ordre de la Cour d'Efpagne, nous eût envoyé la permiffion d'entrer : elle fut reçue avec autant de joie qu'elle avoit été attendue avec impatience. Nous levâmes l'ancre, & entrâmes enfin dans le port de la Vera-Crux le 8 Mars 1769, après une navigation de 77 jours, étant partis de Cadix le 21 Décembre de l'année précédente. Il étoit temps que nous arrivaffions, n'ayant plus, pour toute provifion, qu'un mouton, cinq poules, & de l'eau tout au plus pour huit jours. La précipitation avec laquelle s'étoit fait notre embarquement à Cadix, ne nous avoit pas permis de prendre toutes les précautions néceffaires pour un fi long voyage : quinze jours, depuis notre départ, s'étoient à peine écoulés, qu'une moitié de nos moutons & de nos volailles étoit morte, & qu'une bonne partie de nos autres provifions avoit été jettée à la mer. Notre traverſée, d'ailleurs, avoit été aſſez heureuſe juſqu'à ces derniers moments, qui furent, à la vérité, cruels à paſſer, nous voyant près de périr à l'entrée du port, & redevables de notre perte à notre pavillon, qui, par l'alliance des deux nations, ſembloit devoir au contraire intéreſſer en notre faveur.

MM. Doz & Médina deſcendirent les premiers à terre, pour aller prévenir le Gouverneur ; deux heures après on m'envoya une chaloupe dans laquelle je m'embarquai avec M. Pauly, mon ſecond. Ce vent de nord qui nous avoit fait trembler ſi long-temps dans le canal, augmentoit conſidérablement à chaque inſtant, & rendoit déja le débarquement aſſez difficile : nous atterrâmes cependant ſans accident ; mais une autre chaloupe, qui nous ſuivoit, reçut un coup de vent ſi violent, que quatre de ſes matelots furent jettés à l'eau, & ne gagnerent la rive à la nage qu'avec la plus grande peine.

Je ne fus pas plutôt entré dans la ville qu'un ouragan furieux commença à ſe déployer : toute communication fut dès-lors interrompue entre la terre & notre bâtiment, qui n'eut que le temps de ſe réfugier derriere le château de St. Jean d'Ulua, ſeul abri des vaiſſeaux contre les vents du nord. Pendant trois jours entiers que dura cette tourmente je fus dans la plus grande perplexité, ne pouvant faire débarquer mes inſtruments ni les perſonnes de ma ſuite qui étoient reſtées à bord : je voyois avec frayeur que leur ſalut ne dépendoit abſolument que de la bonté des cables avec leſquels le vaiſſeau ſe trouvoit amarré. Ces cables venant à céder & à ſe rompre euſſent fait périr tout l'équipage ſous nos yeux ſans qu'il eût été poſſible de lui porter le moindre ſecours. Chaque année n'offre que trop d'exemples de pareils événements, qui rendent le port de la Vera-Crux extrêmement redoutable ; nous fûmes aſſez heureux cependant pour ne point augmenter le nombre des accidents funeſtes. Le calme vint enfin, & j'en ſaiſis avec empreſſement les inſtants pour faire le

débarquement

débarquement de tous mes effets & de toute ma suite :
ce fut alors que je commençai à sentir bien vivement le
plaisir de nous voir tous réunis au port & délivrés des
inquiétudes dont on ne peut être exempt sur un élément
aussi inconstant que la mer. Le trajet que nous avions
encore à faire pour gagner la Californie, nous préparoit
à la vérité plus de fatigues, mais moins de dangers.

Le Gouverneur de la Vera-Crux venoit de mourir au
moment de notre arrivée ; en attendant que le Vice-Roi
eût nommé à cette place, le Commandant du château
en exerçoit les fonctions : ce fut lui qui nous reçut ; il
nous combla de politesses pendant tout le temps que nous
restâmes dans cette ville. Notre séjour, au reste, n'y fut
pas long ; il ne dura que le temps nécessaire pour les préparatifs de notre nouveau voyage : nul objet intéressant
n'étoit d'ailleurs capable de nous arrêter.

La Vera-Crux est située dans la partie méridionale du
Mexique & sur le bord de la mer. Elle est environnée
au nord de sables arides, & à l'ouest de marais dessé-
chés, qui rendent sa position en même temps désagréable
& mal-saine. Ce que j'ai dit ci-dessus fait assez connoître
combien son port est dangereux ; les coups de vent de
nord, fort communs dans le golfe du Mexique, y sont
extrêmement à craindre. Ce port est néanmoins très fré-
quenté, principalement tous les deux ans lorsque la flotte
Espagnole vient s'y rendre, pour déposer les marchan-
dises d'Europe qui doivent être vendues & répandues
dans le Mexique, & pour en recueillir cet argent & ces
trésors immenses, dont la soif fit égorger tant de milliers
d'hommes, & rendit les malheureux sujets de Moté-
zuma la triste victime de la cupidité des Européens.

La Vera-Crux ne renferme aucun bel édifice. Le palais du Gouverneur n'a rien qui le distingue des autres
maisons, qui sont bâties comme en Espagne. Il y a une
église & trois couvents de moines. Les rues sont assez
droites, & d'une largeur ordinaire. Des murailles envi-

Description.
de la Vera-
Crux.

C

ronnent la ville, d'où l'on sort par quatre différentes portes, flanquées chacune de deux tours : il y a deux bastions aux deux extrémités des murs qui donnent sur le rivage. Ces fortifications, au reste, sont en très mauvais état : la meilleure défense est celle de la forteresse du château de St. Jean d'Ulua. Il est bâti sur un rocher qui s'éleve au milieu du port en face & à quelque distance de la ville. Un Lieutenant de Roi loge & commande dans ce château, indépendamment du Gouverneur de Vera-Crux qui commande dans la ville.

Dès le premier jour de notre débarquement le Substitut du Gouverneur avoir écrit au Vice-Roi du Mexique pour lui faire part de notre arrivée : celui-ci envoya bientôt des ordres pour faciliter le nouveau voyage que nous allions entreprendre, & nous fournir le nombre d'hommes & de mulets dont nous avions besoin pour le transport de nos instruments & de nos bagages.

De la Vera-Crux à San Blas, où nous devions nous embarquer pour passer la Mer Vermeille, nous avions environ trois cents lieues de terre à parcourir, pays en partie désert à traverser, & par les plus mauvais chemins du monde : on juge de l'embarras que nous causerent les préparatifs d'une route si longue & si incommode. Nous fûmes d'abord obligés de déballer la plus grande partie de nos équipages pour en faire des petites charges propres à être portées par des mulets : il fallut en conséquence un grand nombre de ces animaux, d'autant plus que nous fûmes obligés d'emporter avec nous nos lits & nos tentes, pour pouvoir faire halte dans les endroits dénués d'habitations. Le soin de nos provisions de bouche vint ensuite. On nous prévint que nous trouverions peu de ressources en fait de vivres le long de notre route. Les Indiens se nourrissent d'un assez mauvais pain fait de farine de maïs, ou bled de Turquie. Ils écrasent bien ou mal ce grain entre deux pierres, & délayant dans un peu d'eau la farine grossiere qui en résulte, ils en forment une pâte qu'ils applatiſſent comme une galette, & qu'ils mettent cuire ſur une pierre plate, en la poſant au milieu d'un grand feu. Ces pains s'appellent des *tortillas*, & ne ſont guere préférables au biſcuit de mer, dont nous fîmes une petite proviſion. Quant aux autres ragoûts dont les Indiens ſe régalent, ils y mettent tant de piment, & les arroſent d'une ſi mauvaiſe huile, qu'il eſt impoſſible, ſurtout à un François, d'en goûter. Nous achetâmes donc à la Vera-Crux une grande quantité de jambons & de *pampano* ſalé. Je ne dois pas oublier de faire mention de ce poiſſon.

Le *pampano* eſt fort commun dans la partie méridionale du golfe de Mexique : il ſe prend depuis le mois de Février juſqu'au mois d'Avril ; paſſé ce temps on n'y en trouve plus. Ce poiſſon a communément un pied & demi de long, & environ ſix pouces de largeur ; il n'a point d'écailles : ſa peau, parfaitement unie, eſt de couleur gris d'ardoiſe, tirant ſur le blanc de perle, qui devient de plus en plus jaunâtre en s'approchant du ventre. Le pampano n'a point de dents ; ſa chair eſt de la plus grande délicateſſe : les Eſpagnols le mettent au deſſus de tous les poiſſons de mer. Nous le trouvâmes en effet excellent à manger frais ; mais ſalé il perd toute ſa qualité. Nous n'en prîmes, pour notre route, que faute d'autre choſe ; nous n'en pûmes pas même conſerver long-temps à cauſe des grandes chaleurs.

Pampano.

L'on trouve encore dans les rivieres qui ſont aux environs de la Vera-Crux deux autres poiſſons ; l'un que l'on nomme *ſargo* en Eſpagnol, & qui eſt le même, à ce qu'il m'a paru, que notre turbot ; l'autre eſt appellé *corobo*, qui ſignifie en Eſpagnol *boſſu*. La forme de ce dernier eſt analogue à ſon nom. Ces poiſſons étant fort communs, je n'en donnerai point la deſcription.

Les animaux quadrupedes que l'on trouve à la Vera-Crux & dans le Mexique, ſont les mêmes qu'en Europe :

mais , parmi les insectes , il en est un particulier qui mérite d'être remarqué ; on l'appelle *nigua*.

La nigua est noire , & a quelque ressemblance avec la puce, dont elle n'excede point la grosseur. Elle s'attache communément aux pieds ou aux mains , & s'insinue petit à petit dans la chair , qu'elle ronge , en causant d'abord des démangeaisons très vives. Elle s'enveloppe d'une membrane ronde de la grosseur d'un pois : elle y pond ses œufs. Si on la laisse trop long-temps séjourner dans la plaie, ou qu'en l'arrachant on ait la mal-adresse de la crever , la partie attaquée se trouve remplie des œufs de cet animal , & l'on est alors obligé de couper toutes les chairs infectées de cette vermine. Mais ce qu'il y a de plus dangereux , c'est que la plaie devient, dit-on , mortelle si l'on y laisse couler de l'eau. Aussi le premier soin , après avoir arraché la nigua , doit être de boucher avec du suif le trou qu'elle a fait en s'enfonçant dans la chair. Cet insecte est très commun aux environs de la Vera-Crux ; les Indiens en ont les pieds rongés & tout difformes, par les coupures & incisions qu'ils sont obligés de se faire chaque fois quils sont mordus d'une nigua : il paroît que ce même animal se trouve aussi dans une province du Pérou. Frezier (1), dans sa relation du voyage de la mer du Sud , en parle à-peu-près dans les mêmes termes , sous le nom de *pico* : mais celui-ci est sans doute moins dangereux que la nigua de la Vera-Crux ; car ce voyageur ne dit point que l'eau puisse rendre sa morsure mortelle.

Nous partîmes de la Vera-crux le 18 Mars au soir , & prîmes la route de Mexico. Nous avions loué deux litieres ; MM. Doz & Médina se mirent ensemble dans l'une, M. Pauly & moi dans l'autre : le reste des personnes de notre suite étoit monté sur des mulets , & nous pré-

---

(1) Relation du Voyage de la Mer du Sud , aux côtes du Chili & du Pérou , page 214.

cédoit avec nos bagages que conduisoient les Indiens.
Après avoir côtoyé la mer pendant deux heures en
tirant vers le nord-ouest , nous en quittâmes les
bords pour nous avancer dans les terres à travers des bois
immenses ; au bout de trois heures nous arrivâmes à
une riviere de l'autre côté de laquelle est situé un village que l'on nomme *Vieja Vera-Crux.* C'étoit effectivement en cet endroit qu'étoit située anciennement
la Vera-Crux. La riviere qui passe aux pieds de cette
ancienne Vera-Crux est environ de la largeur de la Seine ;
on la traverse dans un grand bac garni de garde-fous,
formés par des poutres de 10 pieds environ de hauteur.
Nous ne vîmes rien de remarquable dans une ville à
moitié abandonnée, & qui n'est même plus qu'un très
petit village , habité seulement par des Indiens ; mais ce
qui nous rendit ce lieu recommandable , ce fut la bonté
des rafraîchissements que nous y trouvâmes , entre autres
du pain de froment infiniment supérieur à celui que
nous avions mangé à la nouvelle Vera-Crux : nous ne
devions plus en trouver de semblable dans le reste de
notre route ; aussi en fîmes-nous provision pour quatre
ou cinq jours : les bonnes fortunes de ce genre ne sont
pas à négliger pour des voyageurs.

Nous partîmes de *Vieja Vera-Crux* le lendemain
de notre arrivée pour nous rendre à *Xalapa*, ville la plus
prochaine, éloignée d'environ deux journées de chemin ;
nous ne rencontrâmes sur notre route que quelques petits
hameaux , composés chacun de deux ou trois maisons,
quelquefois d'une seule : le voyageur trouve à peine dans
ces endroits de l'eau pour se désaltérer. Depuis *Vieja
Vera-Crux* jusqu'à l'hermitage de *las Animas*, c'est-à-
dire dans un intervalle d'environ quinze lieues , on ne
rencontre ni sources ni ruisseaux où l'on puisse étancher
la soif cruelle qu'excite une chaleur excessive, & plus
encore la poussiere qui s'éleve sous les pieds des mulets,
& que l'on avale tout le long du chemin. On trouve

quelquefois, à la vérité, des femmes Indiennes établies
sur la route, qui vendent du lait aux voyageurs. Elles
ont coutume de se tenir à quelque distance du chemin,
& se cachent même derriere quelque arbre ou quelque
buisson : de sorte qu'il faut être au fait de leur manege
pour pouvoir profiter de leur secours ; car elles vous lais-
seroient passer, sur-tout les étrangers, sans offrir de leur
lait. mais les Indiens qui nous escortoient nous avertis-
soient aussi-tôt qu'ils appercevoient quelqu'une de ces
femmes ; nous les abordions ; elles nous conduisoient
alors à une petite cabane faite de broussailles, où se
trouvoit une vache dont elles nous donnoient le lait, pour
nous désaltérer, à un prix très modique. Ces rencontres étoient toujours trop rares pour nous.

Dans les belles contrées de l'Europe, les commodités
de tout genre, répandues sur les grandes routes, ne lais-
sent appercevoir au voyageur qu'il change de climat, que
par la variété des agréments qu'il rencontre. Il n'en étoit
pas de même dans le pays où nous nous trouvions alors ;
une chaleur excessive, les chemins les plus affreux, & la
lenteur de la marche de nos mulets de charge, nous per-
mettoient à peine de faire dix lieues par jour, & ren-
doient en même temps notre route longue, ennuyeuse &
pénible. D'ailleurs rien d'intéressant ne nous dédomma-
geoit de la fatigue ; nous ne traversions que des terres
incultes ou des bois ; nos regards ne rencontroient par-
tout qu'une nature sauvage : elle n'est pas sans beautés,
je l'avoue ; mais, à la longue, l'œil s'en rebute ; l'unifor-
mité porte en tout le dégoût, la variété seule a des
charmes, & c'est elle que le voyageur va chercher de
pays en pays.

Arrivée à
Xalapa. Nous arrivâmes à *Xalapa* le 21 Mars. Cette ville,
adossée à une montagne, est partagée en deux parties ;
l'une située au pied, & l'autre sur le penchant même de
la montagne. Les maisons sont de pierres de taille & assez
bien bâties ; il n'y a, d'ailleurs, aucun édifice remar-

quable. Un commerce confidérable attire tous les deux ans à *Xalapa* une grande quantité d'Efpagnols & d'Indiens, qui s'y rendent vers le mois de Mars. C'eſt alors que, pendant l'eſpace de fix femaines, il s'y tient une foire fameufe où fe débitent toutes les marchandifes que la flotte Efpagnole a apportées d'Europe à la Vera-Crux, & qui ont été de là transportés par terre à *Xalapa*, d'où elles fe diſtribuent dans tout le Mexique. Ces marchandifes d'Europe confiſtent en draps, foieries, mouffelines, toiles de toute efpece, & fur-tout des toiles de Bretagne fines & claires, bijouteries tant en acier qu'en fer, &c. Les Mexicains donnent en échange de la cochenille ou de l'argent monnoyé. Je dis de l'argent monnoyé, car il n'eſt permis à qui que ce foit d'avoir de l'argent ou de l'or en lingot, dont l'exportation du Mexique eſt abfolument défendue. La contravention aux réglements qui regardent les mines eſt le plus grand crime que l'on puiffe faire au Mexique. Le faux monnoyeur eſt pendu; l'affaffin n'eſt puni que de la prifon ou du banniffement.

J'avois plufieurs lettres de recommandation que l'on m'avoit données à Cadix pour quelques négociants établis à *Xalapa*; mais étant arrivés fort tard, & defirant partir le lendemain de bonne heure, j'attendis à les remettre à mon retour. Les environs de *Xalapa* nous offrirent ce que nous avions rarement vu depuis la Vera-Crux, des terres cultivées, des arbres de toutes efpeces, des bois touffus, ce qui annonçoit un fol affez fertile; en effet, il croît aux environs de *Xalapa* de très beau maïs.

Au fortir de la ville nous trouvâmes une affez belle chauffée, bordée de murs des deux côtés, qui nous conduifit au haut de la montagne. Ce chemin eſt ferré, & feroit fort agréable s'il étoit moins roide; la montagne, à la vérité, eſt extrêmement élevée. Parvenus à fon fommet, nous jouîmes du coup d'œil le plus fingulier, nous trouvant, par notre élévation, avoir les nuages pour

horizon. A quelque diftance de *Xalapa*, je commençai à rencontrer le long de la route du fer difpofé par
couches noirâtres : bientôt après le terrein ne m'offrit
plus que les veftiges de quelque volcan éteint aux environs ; une mouffe légere couvroit à peine, dans quelques
endroits, des pierres arides, & des laves qui traverfoient
le chemin ; ce qui me parut annoncer que ce volcan n'é-
toit pas éteint depuis fort long-temps, puifque ces laves
n'étoient point encore recouvertes de la moindre terre.
La nature, dans cet endroit, portoit l'empreinte du plus
grand défordre.

De Xalapa à *las-Bigas*, le plus prochain hameau,
éloigné d'environ fix lieues, nous ne fîmes que monter
& defcendre, traverfant une chaîne de montagnes dont
la largeur eft comprife entre ces deux lieux. Le hameau
de las-Bigas, ainfi que ceux que nous avions rencontrés
avant Xalapa, n'eft compofé que d'une ou deux maifons,
mais mieux bâties. Depuis la Vera-Crux les habitations des
Indiens ne font conftruites que de fimples rofeaux rangés
perpendiculairement & même à quelque diftance les uns
des autres ; de forte que l'on y eft peu à l'abri des in-
jures de l'air : il regne en outre le long de la maifon,
entre le toit & le haut de la muraille qui le foutient,
un jour ou intervalle, pour laiffer un libre paffage à la
fumée du feu que l'on fait au milieu de la chambre. Mais
paffé Xalapa le terrein devenant de plus en plus élevé,
& la température de l'air étant par conféquent plus froide,
les habitations font conftruites avec beaucoup plus de
de foin & mieux fermées ; les murailles font de pierres
de taille, & en plufieurs endroits de pierres volcanifées
qui ne font point rares dans cette contrée.

Les habitants de las-Bigas font mulâtres ; les femmes y
vont à moitié nues, & laiffent voir la plus vilaine gorge
du monde. L'habillement ordinaire des femmes Indiennes
eft compofé de deux pieces d'étoffe ; l'une qui leur prend
à la ceinture & defcend à mi-jambe en forme de cotillon ;

& l'autre, en forme de nappe, leur enveloppe les épaules, & les couvre jusqu'à la ceinture. Cette espece de mantelet qu'elles appellent *pagnorobos*, ne leur sert communément que lorsqu'elles sortent : dans l'intérieur des maisons elles l'ôtent ordinairement, & restent ainsi à demi nues. Quant aux hommes, ils portent une grande culotte de toile, semblable à-peu-près à celles des matelots, & par-dessus celle-ci ils en mettent une autre de peau : une veste sans manches leur couvre le corps ; ou bien une couverture de laine, semblable au pagnorobos des femmes, leur enveloppe les épaules ; quelquefois même ils vont presque absolument nus, comme dans certains endroits les plus écartés des villes.

L'Indien a le teint olivâtre, les yeux & les cheveux noirs, la taille médiocre, la jambe grosse & fortement dessinée, le nez écrasé. Les femmes ont à-peu-près la même couleur, & n'ont point la figure agréable : elles se marient communément à 9 ou 10 ans, & ont des enfants jusqu'à 35 ou 40 ans ; il est rare néanmoins qu'elles en élevent un grand nombre. La petite vérole & la rougeole sont deux maladies très communes dont il en réchappe très peu, surtout lorsque que pour les guérir les Indiens leur font prendre des bains de sueur qui les font mourir presque aussi-tôt.

Les mauvais traitements des maîtres de ces Indiens contribuent autant que les maladies à détruire cette race ; & les mines, à l'exploitation desquelles on les emploie, font tous les ans le tombeau d'un nombre infini de ces malheureux. Les travaux immenses que l'on a faits à Mexico pour faire écouler les eaux du lac, en ont aussi fait périr plusieurs milliers ; de sorte que le Mexique n'est plus maintenant qu'un désert, en comparaison de ce qu'il étoit du temps de Montézuma.

Le Gouverneur de la Vera-Crux avoit écrit au Vice-Roi du Mexique avant notre départ, pour l'instruire de la route que nous devions tenir. Le Vice-Roi, en consé-

D

quence, avoit eu la bonté d'envoyer de Mexico des équipages au-devant de nous. Nous les rencontrâmes à *Pérotte*, hameau éloigné d'environ 40 lieues de la capitale.

Nous employâmes quatre jours à nous rendre de Pérotte à Mexico. La route est agréable ; le chemin, presque toujours uni, est pratiqué dans une gorge formée par deux chaînes de montagnes, qui, tantôt se rapprochant, & tantôt s'éloignant, donnent naissance à de vastes plaines. A quelque distance de Pérotte nous commençâmes à appercevoir la fameuse montagne d'*Orisaba*, qui passe pour la plus haute du Mexique. Arrivés au hameau de *Sant-Yago*, nous ne nous trouvâmes plus éloignés que de deux lieues de cette montagne ; elle nous offrit alors le coup d'œil le plus agréable. Son sommet étoit absolument couvert de neige, tandis que le pied offroit l'agréable verdure de terres parfaitement cultivées. Cette montagne d'Orisaba s'apperçoit de Mexico même qui en est éloigné de plus de vingt lieues.

Il se trouve sur cette route de Pérotte à la capitale du Mexique, une grande quantité de pierres volcanisées, répandues en plusieurs endroits. Le village de *Hapa* principalement en est environné, & toutes ses maisons en sont bâties. Nous arrivâmes dans ce village le jour du Vendredi-Saint au soir : ce jour de triste solemnité pour toute l'église, n'est pas moins respectable pour les Mexicains que pour nous ; mais leur façon de le célébrer leur est particuliere. En arrivant nous rencontrâmes une procession fort nombreuse : une statue de la Sainte Vierge étoit à la tête, portée par des filles en masques : un nombreux cortege de gens également masqués les suivoit ; quelques-uns avec des guitares, d'autres avec des basses, exécutoient la musique la plus grotesque ; de sorte que nous eussions pris cette procession pour une mascarade de carnaval, plutôt que pour une cérémonie de religion, sans la présence des prêtres qui l'accompagnoient, & dont la gravité faifoit le contrafte le plus ridicule, Faut-il s'en étonner ? La force des armes n'a pu faire de ces peuples que de fort mauvais chrétiens ; & leur grofiéreté les a fait enchérir fur l'ignorance & les abus fuperftitieux qu'on reproche aux Moines Efpagnols qui defervent le plus fouvent les paroiffes Indiennes.

Nous arrivâmes à Mexico le jour de Pâques 26 Mars à midi. Nous rencontrâmes, avant que d'arriver à la ville, M. le Marquis de la Torre, Infpecteur de l'infanterie. Sitôt qu'il nous eut apperçus, il alla donner avis de notre arrivée au Vice-Roi, qui envoya des ordres pour nous laiffer entrer dans la ville fans nous fouiller, & pour nous conduire à la maifon des Jéfuites, où notre logement étoit préparé. Nous n'y eûmes pas plutôt mis pied à terre, que quatre Gentilshommes vinrent nous prendre pour nous conduire dans le palais. Je manque d'expreffions pour peindre l'amitié & les politeffes que nous reçûmes de M. le Marquis de Croix, Vice-Roi du Mexique, ainfi que de toute fa Cour : il eut pour nous toutes les prévenances poffibles, cherchant à nous procurer tout ce que nous pouvions defirer, & à nous rendre agréable notre féjour à Mexico. Nous n'eûmes point d'autre table que la fienne pendant les quatre jours que nous reftâmes dans cette ville : il eut la bonté d'envoyer un cuifinier pour traiter à la françoife les perfonnes de notre fuite. Le lendemain de notre arrivée il nous donna un de fes carroffes pour parcourir la ville.

Arrivée à Mexico.

Mexico, capitale du Mexique, eft fitué fur le bord d'un lac, & bâti fur un terrein marécageux traverfé d'un grand nombre de canaux ; toutes les maifons, en conféquence, y font bâties fur pilotis. Le terrein s'affaiffe en plufieurs endroits, & l'on y remarque plufieurs édifices qui fe font enfoncés de plus de 6 pieds, fans que le corps du bâtiment en ait été dérangé : de ce nombre eft la cathédrale dont nous parlerons tout à l'heure.

Defcription de Mexico.

Les rues de Mexico font très larges, tirées au cordeau,

Voyez fig.

& se coupent presque toutes à angles droits. Les maisons y sont assez bien bâties, mais peu décorées tant à l'intérieur qu'à l'extérieur ; leur forme, d'ailleurs, est la même qu'en Espagne.

Il n'y a point à Mexico d'édifice fort remarquable. Le palais du Vice-Roi donne sur une grande place assez réguliere, au milieu de laquelle est une fontaine. Ce palais est bâti très solidement ; c'est là son seul mérite : il n'y faut point chercher de décorations ; son enceinte renferme trois cours assez belles ; dans le milieu de chacune est une fontaine. L'hôtel de la Monnoie qui est situé derriere ce palais, est un bâtiment fort considérable ; plus de cent ouvriers y sont occupés à convertir en piastres, pour le compte du Roi d'Espagne, les lingots & masses énormes d'argent que les particuliers possesseurs des mines viennent y apporter & échanger contre de l'argent monnoyé. On prétend qu'il se fabrique dans cette monnoie environ quatorze millions de piastres par an.

Ce qu'il y a de plus superbement bâti sont les églises, chapelles & couvents. Il y en a beaucoup à Mexico qui sont sur-tout très richement ornées, entre autres la cathédrale : on y remarque autour du maître autel une balustrade d'argent massif ; & ce qui est encore plus précieux, une lampe dont le corps d'argent est d'une si grande forme qu'il y entre trois hommes pour la nettoyer : cette lampe est enrichie de figures, de têtes lion, & d'autres différents ornements d'or pur. Les piliers de l'intérieur de l'église sont tapissés d'un superbe velours cramoisi bordé d'une large frange d'or. L'on est moins étonné de cette richesse des églises de Mexico lorsqu'on a vu le trésor de la cathédrale de Cadix, qui renferme des richesses immenses ; l'or & les pierreries les plus précieuses y sont prodigués sur les vases & ornements sacrés ; des statues de la Sainte Vierge, & autres Saints, y sont ou d'argent massif, ou revêtus des habillements les plus riches.

L'extérieur de la cathédrale de Mexico n'eſt point fini; on craint en l'achevant d'augmenter la maſſe du bâtiment, qui, comme je l'ai déja dit, commence à s'affaiſſer. Je ne parlerai point des autres égliſes; il y en a, je crois, autant que de Saints dans le calendrier.

On remarque trois places principales dans la ville de Mexico: la premiere eſt la place Maïor, ſur laquelle donne la façade du palais; celle de la cathédrale; & le marché, qui eſt un double carré entouré de bâtiments. Cette place eſt au centre de la ville; la ſeconde, immédiatement à côté de celle-ci, eſt celle *del Volador*, où ſe donnent les combats de taureaux; la troiſieme eſt celle del Santo-Domingo: ces places ſont aſſez régulieres; au milieu de chacune eſt une fontaine. Au nord de la ville, vers les fauxbourgs, eſt la promenade publique ou l'*Alameda*: un ruiſſeau regne tout autour, formant un carré aſſez vaſte, au milieu duquel eſt un baſſin à jet d'eau, où viennent ſe réunir en étoile huit allées d'arbres qui ſont en fort mauvais état, le terrein de Mexico y étant peu propre. Cette promenade eſt la ſeule qu'il y ait à Mexico; tous les environs de la ville ſont marécageux & coupés d'un nombre infini de canaux. A quelques pas & en face de l'Alameda, eſt le *Quemadero*; c'eſt l'endroit où l'on brûle les Juifs & autres malheureuſes victimes du redoutable tribunal de l'inquiſition. Ce Quemadero forme une enceinte de quatre murailles, qui renferment des fours, & par-deſſus leſquelles on jette ceux qui ſont condamnés à être brûlés vifs par des Juges qui profeſſent une religion dont la charité eſt le premier précepte.

Le peu de temps que nous reſtâmes à Mexico ne me permit pas de prendre une plus ample connoiſſance de la ville. On me dit qu'il y avoit une Comédie Eſpagnole, mais je fus peu tenté d'y aller; ma curioſité à cet égard avoit été plus que ſatisfaite pendant mon ſéjour à Cadix.

Je trouvai à Mexico un François qui parloit aſſez bien l'Eſpagnol & le Mexicain, & qui avoit une connoiſſance parfaite de tout ce pays, qu'il habitoit depuis long-temps: je le pris pour interprete, jugeant que son secours pourroit nous être fort nécessaire dans le reste de notre route, & principalement en Californie. A mesure que nous allions avancer nous devions rencontrer des Indiens plus sauvages ; M. le Vice-Roi crut même devoir nous donner une escorte de trois soldats pour nous mettre en état de nous défendre contre les voleurs, qui ne sont que trop communs sur les routes. Des troupes d'Indiens indomptés, que les Espagnols nomment *Indios bravos*, attaquent les voyageurs lorsqu'ils se sentent les plus forts, les massacrent, ou tout au moins, après les avoir dépouillés, les attachent aux arbres voisins, s'emparent de leurs bagages & de leurs mulets, qu'ils détournent du chemin, & les conduisent dans des lieux écartés & connus d'eux seuls, où ils partagent l'argent & cachent le reste du butin. Il y a telle forêt & telle montagne, près desquelles nous passâmes, que nos conducteurs nous ont assuré renfermer & receler les plus riches trésors, amassés par ces brigands. On reconnoît aisément ces voleurs à un mouchoir qu'ils tiennent entre leur dents pour se cacher le visage & n'être pas reconnus. Quand on voit venir à soi un Indien ainsi masqué, le plus sûr est de le prévenir, & de le tuer s'il est possible : nous n'eûmes point heureusement de ces mauvaises rencontres. Après nous être munis de vivres, & de ce qui étoit nécessaire pour notre nouveau voyage, nous partîmes de Mexico le 30 Avril 1769. MM. Doz & Médina avoient loué une voiture à roues ; pour moi, prévenu de la difficulté des chemins, je résolus de faire le reste de la route à cheval : je n'en fus pas, à la vérité, plus à mon aise ; mais j'évitai par-là mille accidents qui ne manquerent pas d'arriver à nos deux officiers Espagnols, & qui nous retarderent plus d'une fois.

De Mexico à San-Blas, où nous allions nous rendre & nous embarquer pour traverser la Mer Vermeille, l'on compte environ 190 lieues ; il y a fur cette route peu d'endroits remarquables : à mesure qu'on s'éloigne de Mexico, les habitations deviennent plus rares, & le chemin eft fouvent très mauvais, dangereux, & bordé de précipices. La plupart du temps nous trouvions à peine du pain dans les lieux où nous nous arrêtions ; tout porte dans ces contrées l'empreinte de la plus grande mifere.

A quarante lieues de Mexico nous trouvâmes la petite ville de *Queretaro*, remarquable par une manufacture de draps fort renommée. Cette ville eft affez bien bâtie ; elle eft adoffée à une montagne jointe à une autre plus éloignée & plus élevée, par un fuperbe aqueduc qui amene l'eau de l'une fur l'autre, d'où elle fe répand dans la ville : cet aqueduc eft très folidement conftruit. Ces fortes d'ouvrages, en général, font très communs dans le Mexique, & font les feuls remarquables en fait de bâtiffe.

Ce fut aux environs de Queretaro que j'eus la fatisfaction de voir & de me convaincre, à différentes fois, de la vérification d'un phénomene que j'avois plus fouvent foupçonné qu'obfervé en France, celui de la foudre qui s'éleve de la terre, au lieu de partir du nuage felon l'opinion commune.

Le 3 Mai au foir me trouvant proche de *Molino*, petit hameau éloigné d'environ 36 lieues de Mexico, j'apperçus, vers le fud, un gros nuage noir, élevé à une médiocre hauteur au-deffus de l'horizon : tout le refte de l'hémifphere paroiffoit enflammé autour de nous. Ce nuage étoit foutenu par trois efpeces de colonnes, à égale diftance l'une de l'autre, dont la bafe touchoit prefque l'horizon : tant qu'il refta dans cet état, des éclairs vifs & fréquents paroiffoient en trois endroits du nuage au-deffus de ces colonnes ; & en même temps des traits de lumiere électrique partoient, comme dans une aurore boréale, des points de l'horizon qui répondoient au-deffous. Bientôt après le nuage s'affaiffa ; ce fut alors

que nous vîmes la foudre s'élever à tout moment de la
terre, sous la forme de fusées, & aller éclater vers le
haut du nuage. Je craignis d'autant moins de me faire
illusion à moi-même, que, dans cette observation, toutes
les personnes de ma suite, l'interprete, les soldats de
l'escorte, qui n'étoient prévenus d'aucun esprit de systême, furent les premiers à remarquer ce phénomene.
Une seule fois la foudre nous parut partir du nuage. Deux
jours après nous vîmes encore à-peu-près le même spectacle, & nous fîmes également la remarque de la foudre
qui s'élevoit de la terre assez lentement pour qu'on pût
distinguer son origine & sa direction. On peut voir ce
que j'ai dit sur cette matiere dans les Mémoires de l'A-
cadémie, année 1764, & dans mon Voyage de Sibérie.

Huit jours après avoir quitté Mexico nous arrivâmes
à *Guadalaxara*. Cette ville est considérable ; c'est le siege
d'un Evêque. Nous restâmes deux jours en cet endroit
pour nous y reposer ; j'en avois grand besoin, au bout
d'une route de 100 lieues, faite sur de méchants mulets,
& durant laquelle nous avions essuyé les plus mauvais
temps par des chemins détestables.

Nous partîmes le neuf de Guadalaxara, & allâmes
coucher à une sucrerie appellée *Mutchitilté*. Des montagnes, entassées, pour ainsi dire, les unes sur les autres,
dominent sur cet endroit, & en rendent la situation
affreuse : du milieu d'un rocher situé sur la plus haute
de ces élévations, se précipite une source, qui, tom-
bant 200 pieds plus bas sur un autre rocher, fait une
cascade en forme de nappe, dont l'aspect cause en même
temps l'admiration & l'effroi. Il n'est pas possible de trouver un chemin plus affreux & plus dangereux que celui
que nous suivîmes en sortant de Mutchitilté, pendant l'es-
pace de près de cinq lieues ; ce chemin, qui, à peine, a quatre pieds de largeur, est taillé sur le penchant de la montagne, vers la moitié de sa hauteur, presque à pic ; de
sorte que l'on y est, d'un côté, resserré par la montagne
                                                    même,

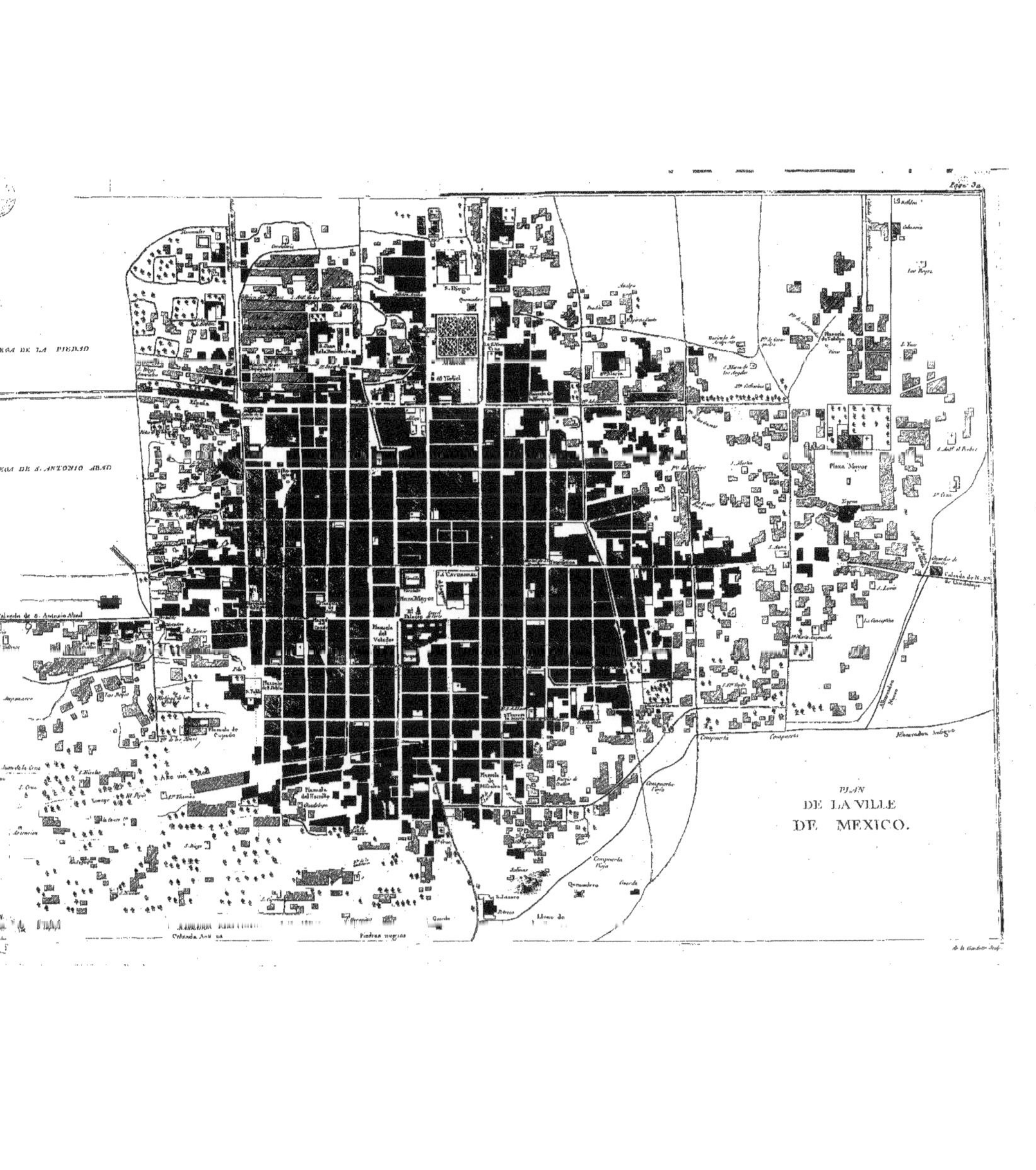

PLAN
DE LA VILLE
DE MEXICO.

même, & de l'autre sur le bord, par des précipices, & des abîmes quelquefois si profonds, que l'on apperçoit à peine la cime des sapins les plus élevés qui croissent dans le fond du vallon. Pour surcroît nous eûmes le malheur de rencontrer dans ce passage étroit une caravane d'autres mulets qui venoient dans un sens contraire à nous; cette rencontre nous causa le plus grand embarras, & nous fit courir quelque danger, sur-tout par rapport aux mulets qui portoient nos grands instruments. Au sortir de ce mauvais pas, nous trouvâmes un assez beau chemin jusqu'à la petite ville de *Tepik*, où nous ne nous arrêtâmes que pour dîner, nous hâtant d'arriver à San-Blas, où nous fûmes rendus le lendemain 15 Avril, après avoir employé 28 jours à traverser le Mexique.

San-Blas est un très petit hameau, situé sur la côte occidentale du Mexique, à l'embouchure de la riviere de *S. Pedro*. Ce n'est que depuis quelques années qu'on a fait un établissement dans ce lieu pour la commodité du transport des vivres & des troupes que les Espagnols envoient en Californie.

M. le Marquis de Croix, Vice-Roi du Mexique, avoit prévenu depuis long-temps le Commandant de San-Blas de faire en sorte d'avoir un bâtiment prêt à nous passer en Californie aussi-tôt que nous serions arrivés. Aucun des bateaux de passage ne se trouvoit alors dans le port: le Commandant hâtoit la construction d'un petit paquebot, qui devoit être gréé & mis à flot dix jours après notre arrivée; mais ce terme étoit encore trop éloigné pour nous. Le trajet de San-Blas au cap San-Lucas n'est, à la vérité, que d'environ 60 lieues; mais les calmes & les courants que l'on éprouve sur la Mer Vermeille, rendent quelquefois cette traversée très difficile & très longue. Nous avions peu de temps de reste jusqu'au moment de l'observation du 3 Juin. Heureusement pour nous, il arriva le soir même un paquebot

de Californie, lequel fut auffi-tôt deftiné à nous tranf-
porter. Nous fixâmes le moment de notre départ à
quatre jours de là, ne prenant que le temps abfolument néceffaire pour faire nos provifions de vivres,
& de tout ce dont nous avions befoin dans un pays où
nous ne devions rien trouver. Meffieurs les Officiers Efpagnols chargerent fur le bâtiment de quoi conftruire
un obfervatoire complet; quant à moi, je pris feulement des toiles de tentes, & un gros pilier de bois de
cedre pour fufpendre ma pendule.

Le Pilote de notre bâtiment flattoit peu nos efpérances, en nous racontant que l'année précédente il avoit
employé vingt-un jours à paffer de San-Blas à San-Lucas,
quoique dans une faifon plus favorable que celle où
nous nous trouvions. J'héfitois alors fi je ne me fixerois pas
fur le continent du Mexique, plutôt que de rifquer de
me trouver fur mer au moment de l'obfervation; mais
je perdis bientôt de vue cette reffource lorfque l'on m'eut
appris que des pluies réglées alloient commencer fur la
côte dès le mois de Mai, & continuer prefque fans interruption jufqu'à la fin du mois fuivant. Le meilleur
parti étoit donc de s'embarquer pour aller gagner l'autre
côté de la Mer Vermeille, où l'on avoit l'efpérance d'un
plus beau ciel.

Ce fut le 19 Avril que nous fortîmes du port de San-
Blas. Nous éprouvâmes bientôt ce que notre Pilote nous
avoit annoncé: en effet, pendant les quinze premiers
jours nous fûmes le jouet des calmes, des vents contraires
& des courants. Enfin, le 4 Mai nous mîmes, pour la premiere fois, le cap en route portant vers le nord; mais le
vent étoit fi foible, & par bouffées fi fouvent interrompues
de calmes, que nous fûmes près de 5 jours à nous élever
jufqu'au port de Mazatan, 35 lieues environ au nord de
San-Blas. Si nous avions gagné quelque chemin en latitude, nous avions bien peu fait en longitude. Nous
commençâmes alors à défefpérer de pouvoir arriver affez

à temps en Californie pour faire notre obfervation : on juge du défefpoir où nous laiffoit cette penfée.

Notre Pilote croyoit expliquer parfaitement la caufe de la contrariété des vents, en l'imputant au courroux du ciel, qu'il prétendoit appefanti fur nous à caufe de nos péchés. Pour détourner la vengeance célefte il expofa fur l'habitacle une offrande qu'il fit à St. François Xavier, en le priant bien de nous envoyer du bon vent. Le remede du dévot Pilote ne fit pas fur le champ fon effet; car les jours fuivants nous fûmes en plein calme, ou contrariés par le vent.

Notre fituation devint alors chaque jour plus affreufe : les vivres commençoient à nous manquer, principalement l'eau : il fallut fe réduire à la ration d'une pinte par jour; encore cette eau étoit-elle déteftable, ayant été mife dans des tonneaux où il y avoit eu du vinaigre. Tous ces petits défagréments auroient été comptés pour rien fi nous euffions pu en être dédommagés par quelque lueur d'efpérance. Nous nous trouvions au vingt-cinquieme jour de notre traverfée; il ne nous en reftoit que dix-huit jufqu'au moment de l'obfervation, & cependant nous étions encore éloignés de l'endroit du débarquement. Il eft vrai que nous étant élevés affez avant vers le nord, nous nous étions rendu déformais favorables les courants & les vents les plus ordinaires. Mon deffein dès-lors fut de débarquer au premier endroit de la Californie où nous pourrions aborder; il m'importoit peu que le lieu fût défert ou non, pourvu que j'y puffe faire l'obfervation.

Enfin, à l'aide de quelques rifées de vents favorables & des courants, nous parvînmes le 16 Mai au foir à avoir connoiffance des terres de Californie, que nous eftimâmes être celles du cap San-Lucas, éloignées de nous d'environ 18 lieues : nous nous en approchâmes le lendemain par un vent foible. Le 18 au foir nous n'étions qu'à 5 lieues de terre. Je voulois abfolument que l'on débarquât sur la côte la plus voisine ; mais je fus seul de cet avis, & toute la journée se passa en discussions. Messieurs les Espagnols vouloient aller faire le débarquement dans la baie de San-Barnabé, dont nous étions encore éloignés de plus de 15 lieues : c'étoit par conséquent alonger notre voyage, peut-être même de plusieurs jours ; car pour gagner cette baie, nous avions contre nous les vents de nord & de nord-ouest qui étoient les plus communs. Ces Messieurs m'objectoient, à la vérité, qu'en débarquant sur la côte du cap San-Lucas on risqueroit le bâtiment : je répondis à cela que j'étois convaincu que Sa Majesté Catholique préféreroit de perdre un méchant petit bâtiment, plutôt que les fruits d'une commission aussi importante que la nôtre ; d'ailleurs nous ne devions pas être les premiers qui eussent débarqué à la Mission de San-Joseph. Le patron, que nous fîmes appeller à ce sujet, fut de mon avis ; il nous dit qu'à la vérité le débarquement seroit plus difficile & plus long en cet endroit que dans la baie de San-Barnabé, mais qu'au reste il croyoit pouvoir répondre du bâtiment & de l'équipage. D'après cette décision, qu'il nous donna même par écrit, il fut arrêté que nous débarquerions à San-Joseph. En effet, nous jettâmes l'ancre le 19 Mai à une demi-lieue de la côte, vis-à-vis de l'embouchure de la petite riviere qui passe par cette Mission. Mais pour être à la fin de notre traversée, nous n'étions pas encore au terme de nos inquiétudes. Il s'éleva de la partie de l'est un vent qui fraîchit de plus en plus. Ce vent 15 jours plutôt nous eût été favorable ; mais dans la circonstance présente il étoit infiniment à craindre, & nous menaçoit d'un prochain naufrage en nous faisant échouer sur la côte. Messieurs Doz & Médina commencerent alors, ainsi que le Pilote, à me reprocher d'avoir voulu débarquer à San-Joseph : ce vent d'est, me disoient-ils, nous eût été favorable pour la baie de San-Barnabé. Il est toujours aisé de juger des choses d'après l'événement; d'ailleurs je n'avois donné la veille que mon simple avis : ces Messieurs, en y acquiesçant, l'avoient sans doute trouvé bon. L'événement me justifia à mon tour ; car le vent ayant commencé à calmer, nous eûmes enfin un moment favorable pour faire notre débarquement, & nous en profitâmes avec empressement.

Le Pilote envoya d'abord le canot reconnoître la côte, & tenter l'endroit où l'abordage seroit le plus facile. Je n'osai risquer mes instruments dans ce premier essai ; je mis seulement dans ce canot une partie de mes menus effets. Le débarquement se fit on ne peut pas plus heureusement. Je disposai alors mes instruments les plus essentiels à être transportés dans le second envoi, & je destinai Messieurs Pauly & Noël à les accompagner ; quant à moi, je me réservai pour le troisieme voyage. Le second débarquement ne fut pas si heureux que le premier : M. Pauly m'écrivit du bord du rivage, qu'il avoit couru beaucoup de danger, la chaloupe ayant été submergée plusieurs fois par les lames ; mais enfin ils en avoient été quittes pour la peur, & pour être mouillés, ainsi que toutes les caisses. Cette derniere circonstance me fit prendre les plus grandes précautions pour le transport de ma pendule que j'avois gardée avec moi, & pour laquelle je craignois infiniment l'eau de la mer ; je pris donc le parti de m'asseoir moi-même dessus après l'avoir bien enveloppée, afin de la garantir des lames qui pouvoient nous inonder.

Notre sort ne dépendit plus alors que de l'adresse du patron de la chaloupe, & de l'exactitude des matelots à exécuter la manœuvre. On avoit tracé, dans les voyages précédents, la route que nous devions tenir, par le moyen d'une bouée, ou d'un tonneau qui flottoit sur l'eau : notre patron, l'œil fixé sur cette marque, y gouvernoit le bateau à travers une multitude de vagues, qui, avec un mugissement affreux, alloient se précipiter sur le rivage, & se briser au milieu des rochers couverts d'écume. Les matelots, de leur côté, attentifs au commandement, tantôt forçoient de rames, tantôt restoient immobiles, soit pour éviter une lame prête à fondre & à se briser sur la chaloupe, soit pour s'abandonner à celle qui pouvoit nous porter à terre & nous faire échouer doucement sur la rive. C'est par cette manœuvre, exécutée avec toute l'adresse & le bonheur possible, que nous nous trouvâmes enfin rendus sur la côte de la Californie, à l'entrée de la riviere de San-Joseph. La nuit étoit alors fort proche ; résolu de ne me rendre à San-Joseph que le lendemain, je me couchai sur le rivage. Ce fut alors que, jettant les yeux sur mes instruments qui m'environnoient, & dont aucun n'avoit éprouvé le moindre dommage, parcourant en idée les espaces de terre & de mer que j'avois si heureusement traversés, songeant sur-tout qu'il me restoit encore un temps suffisant pour me disposer parfaitement à mon observation, j'éprouvois à chaque instant une satisfaction & une joie dont il m'est impossible de donner l'idée.

La nouvelle de notre arrivée fut portée en peu de temps à la Mission de San-Joseph ; on nous envoya aussi-tôt des mulets : je pris donc le parti de m'y rendre, laissant M. Pauly sur le rivage avec les bagages que je ne pus emporter avec moi, mais qui furent transférés le lendemain. Je me hâtai de m'établir à San-Joseph & de me mettre en état de commencer mes observations préliminaires. J'étois logé avec tout mon monde dans une vaste grange. Je fis enlever la moitié du toit du côté du midi pour y mettre simplement des toiles qui pussent s'étendre & se replier à volonté. Tous mes instruments furent bientôt dressés & établis dans l'état où ils devoient me servir pour l'observation du passage de Vénus. Le temps me seconda parfaitement ; j'eus tout le loisir de faire des observations exactes & multipliées pour régler ma pendule. Enfin le trois Juin arriva, & j'eus lieu de faire l'obfervation la plus complette, dont on va voir les détails dans la feconde partie de cet Ouvrage.

LE LECTEUR verra fans doute avec peine la relation du voyage de M. Chappe fe terminer à l'endroit où elle eût été la plus intéreffante, par les lumieres & les connoiffances nouvelles qu'il eût pu nous donner fur la Californie; mais, ainfi que je l'ai dit dans l'avant-propos, il m'a été impoffible de fuppléer ici, non plus que dans bien d'autres endroits de cette relation, au filence de l'Auteur; les perfonnes qui l'ont accompagné n'ont pu me donner à ce fujet aucune notion particuliere. Le feul reffouvenir qu'elles aient apporté de ce pays fi fatal, eft celui du trifte événement de la mort de M. Chappe : je vais tranfmettre ici le récit qu'elles m'en ont fait. Un fujet auffi touchant ne pourra manquer d'intéreffer le lecteur, & de renouveller des regrets bien mérités & bien flatteurs à la mémoire de M. Chappe.

Il regnoit depuis quelque temps au village de San-Jofeph une maladie contagieufe, qui avoit enlevé déja un tiers des habitants lorfque M. Chappe y arriva. Il eût peut-être été facile de fe fouftraire à la contagion en fuyant de ce lieu, & allant s'établir plus loin vers le cap San-Lucas : c'eft ce que MM. les Officiers Efpagnols propoferent d'abord; mais il ne reftoit plus que peu de jours jufqu'au moment de l'obfervation, & l'on eût perdu, dans un nouveau tranfport, des inftants infiniment précieux. M. Chappe, moins fenfible au danger de fa vie qu'au malheur de manquer fon obfervation ou de la faire incomplette, fignifia qu'il refteroit à San-Jofeph quoi qu'il dût en arriver.

Chaque jour cependant, la mort, moiffonnant autour de lui, l'avertiffoit du danger qu'il couroit; mais chaque jour l'approchoit du terme de fes vœux, & M. Chappe n'étoit fenfible qu'à cet objet. La joie qu'il eut de l'avoir rempli fut, à la vérité, bientôt altérée par la vue du triste spectacle dont il commença à être le témoin.

Dès le 5 Juin, c'est-à-dire deux jours après l'observation du passage de Vénus, Messieurs Doz, Médina, & tous les Espagnols de leur suite, au nombre de onze personnes, tomberent malades. Ce ne fut plus alors qu'une consternation générale : les plaintes des mourants, le désespoir de ceux qui se voyoient frappés à leur tour de la maladie, & qui n'espéroient que le sort commun, tout conspiroit à rendre le village de San^t Joseph un lieu d'horreur. Quiconque a connu particuliérement M. Chappe n'a jamais remarqué en lui que deux sentiments ; l'amour de la gloire, & celui de l'humanité. Quelle situation que celle où il se trouva alors, pour un cœur comme le sien ! Presque seul, entre tous, que la contagion sembloit respecter jusqu'à ce moment, il se faisoit un bonheur de partager ses soins entre tous les malheureux qui l'environnoient ; mais bientôt il fut lui-même frappé de la maladie. Réduit à avoir besoin de ces mêmes secours qu'il donnoit un moment auparavant aux autres, M. Chappe ne trouva personne pour les lui administrer. Messieurs Pauly & Noël étoient tombés malades avant lui, & se trouvoient à toute extrémité ; le seul domestique de confiance étoit dans le même état : tout le monde en un mot, Indiens, Espagnols & François, ou se voyoit aux portes de la mort, ou bien s'y sentoit entraîné.

M. Chappe avoit apporté de France une petite pharmacie & des livres de Médecine. Devenu Médecin par occasion, il avoit examiné les symptomes de la maladie ; & feuilletant ensuite dans ces livres, il y avoit cherché les remedes convenables. Mais il se trouva bientôt dans le même embarras que ceux qui consultoient autrefois les Oracles, dont la réponse obscure renfermoit plusieurs sens souvent contraires, & ne les rendoit pas plus éclairés qu'auparavant. En effet, M. Chappe sentant un point de côté violent, & ayant de temps en temps le transport

au

au cerveau, les livres confultés ordonnoient la faignée ; mais ils la défendoient expreffément, & indiquoient les purgatifs, dans le cas où la maladie feroit produite par un amas de bile : c'étoit précifément le plus difficile à diftinguer. M. Chappe, à tout hafard, fe décida pour les purgatifs. Dans les moments de relâche que lui laif-foient les accès, il étoit obligé de préparer lui-même fes drogues : il n'ofoit fe fier à la feule perfonne qui reftoit en fanté, parceque quelques jours auparavant elle avoit penfé empoifonner M. Noël, en prenant une drogue pour une autre.

Telle étoit la fituation affreufe de M. Chappe. Après trois jours d'accès confécutifs, il prit deux médecines qui lui firent les plus grands effets, & le foulagerent in-finiment. Mais trop enhardi par ce fuccès, pouffé d'ail-leurs par un zele que nous oferons blâmer ici, puifqu'il étoit imprudent, M. Chappe voulut, le même jour de fa feconde médecine, obferver l'éclipfe de lune du 18 Juin.

On ne pourra, fans admiration, jetter les yeux fur les détails de cette obfervation. Il eft inconcevable com-ment M. Chappe, languiffant, accablé par les fouffrances, affoibli par les accès qu'il venoit d'effuyer, a pu donner à ce phénomene une attention fuivie ; comme l'auroit pu faire le plus habile Obfervateur dans la fanté la plus par-faite. M. Chappe, à la vérité, put à peine achever cette obfervation. Il lui prit une foibleffe, ainfi qu'un mal de tête qui ne le quitta plus ; fon tempérament robufte combattit encore quelque temps, mais ne fit que pro-longer fes fouffrances : il voulut fe faire faigner ; fon Inter-prete, Chirurgien peu exercé, & d'ailleurs en mauvaife fanté, le manqua ; mais, encouragé par M. Chappe lui-même, il réuffit enfin à lui tirer quelques palettes de fang. Cette faignée ne fit qu'augmenter le mal. Le foir même M. Chappe crut fentir une obftruction ; il effaya de monter à cheval, & fut un peu foulagé : mais bientôt

Seconde Part.

F

les accès de fievre le reprirent, & le réduisirent dans
l'état le plus fâcheux ; il souffroit les douleurs les plus ai-
guës, & manquoit de tout adouciffement. Le village de
San-Joseph n'étoit qu'un défert : les trois quarts des
habitants étoient morts, le refte avoit pris la fuite pour
aller chercher un air moins empefté ; mais la contagion
s'étoit déja répandue au loin. C'eft dans cet abandon
total que M. Chappe paffa les derniers moments de fa
vie. Il expira enfin le premier Août au milieu de Meffieurs
Pauly, Noël, & des autres perfonnes de fa fuite, qui
avoient à peine elles-mêmes la force de fe traîner auprès
de lui, de lui tendre les bras, & de recevoir fon dernier
foupir.

M. Chappe vit la mort s'approcher avec la fermeté
& la férénité d'un vrai Philofophe. Le but de fon voyage
étoit rempli, le fruit de fon obfervation affuré ; il ne
vit plus rien à regretter, & mourut content. Le public &
fes amis furent les feuls qui perdirent à fa mort. Leurs
regrets font aujourd'hui fon plus digne éloge, & la ré-
compenfe la plus flatteufe de fes travaux.

MM. Doz & Médina s'emprefferent de rendre à
M. l'Abbé Chappe les derniers devoirs. Le Curé ou
Miffionnaire de San-Jofeph étoit déja mort depuis long-
temps, ainfi que prefque tous les autres habitants.
Efpagnols, François, & chacun des furvivants, raf-
femblant alors le peu de force qui lui reftoit, fe
vit obligé de prêter fes mains au plus trifte des mi-
nifteres, & fentit renouveller en ce cruel moment toutes
les craintes & les horreurs d'un fi malheureux fort. Parmi
les Efpagnols, M. Médina fe trouvoit dans un état de
foibleffe & de langueur qui lui laiffoit peu d'efpérance de
furvivre long-temps à M. Chappe. Le fieur Dubois, parmi
les François, n'étoit pas moins dangereufement malade.
Quant à MM. Doz, Pauly & Noël, leur fanté fe rétabliffoit
de jour en jour. Malgré l'impatience qu'ils avoient tous
de quitter San-Jofeph, ils furent obligés d'y refter encore

deux mois à attendre le bâtiment qu'on étoit convenu avec M. Chappe de lui renvoyer de San-Blas pour le repasser au Mexique. Les malades mêmes ne desiroient pas retour de la santé avec plus d'ardeur, que l'arrivée de ce bâtiment ; on apprit enfin qu'il venoit de mouiller vis à-vis de Sainte-Anne, dans l'anse de *Céralvo*. MM. Doz & Médina, avec les Espagnols de leur suite, à l'exception de trois qui étoient morts, se rendirent donc à Sainte-Anne, ainsi que Messieurs Pauly, Noël, & le domestique de M. Chappe. Quant à l'Horloger, il ne put être transporté ; on le laissa à San-Joseph, en le recommandant à quelques Indiens qui restoient encore dans le pays, au cas qu'il pût en réchapper : cependant, quelques jours avant de s'embarquer, M. Pauly l'envoya chercher pour le faire transporter s'il étoit possible à Sainte-Anne, & de là sur le vaisseau ; mais on ne rapporta que la nouvelle de sa mort, que la douleur de se voir abandonné dans un pays inconnu avoit sans doute hâtée. Nos voyageurs n'eurent plus rien alors qui les arrêtât en Californie. Ils s'embarquerent sur la Mer Vermeille, & y éprouverent de très gros temps, qui leur firent courir de vrais dangers : il aborderent enfin à San-Blas. Là, M. Médina se trouva dans l'état le plus fâcheux. Depuis le moment où il étoit tombé malade à San-Joseph, il n'avoit fait que languir. Le spectacle de la mort de M. Chappe, la fatigue du transport de San-Joseph à Sainte-Anne, & principalement de la traversée de la Mer Vermeille, n'avoient fait qu'aggraver son mal, & le conduisirent au tombeau. Il mourut à San-Blas peu de temps après le départ de M. Doz son confrere, qui s'étoit trouvé obligé de le quitter pour se rendre à Mexico.

M. Médina, ayant partagé les dangers, les travaux, & le malheureux sort de M. Chappe, mérite bien sans doute d'avoir part, avec l'Astronome François, aux éloges & aux regrets du public. L'observation du

paſſage de Vénus ne fut pas faite avec moins de ſuccès de la part de MM. les Aſtronomes Eſpagnols que de
celle de M. Chappe. Ce dernier d'un côté, Meſſieurs
Doz & Médina de l'autre, chacun apporta à l'envi tous
ſes ſoins & toute l'adreſſe dont il étoit capable à l'obſervation de ce phénomene. Une noble émulation les ſépa-
roit en ce moment, pour ſe diſputer un ſuccès qui ne devoit tourner qu'à l'utilité du genre humain. Rivalité des
Nations, puiſſiez-vous n'avoir jamais d'autre but!

*Observation de la déclinaison & de l'inclinaison
de l'Aiguille aimantée.*

J'A I raffemblé ici, dans une Table particuliere, toutes
les obfervations que M. Chappe a faites en différents
lieux fur la déclinaifon & fur l'inclinaifon de l'aiguille
aimantée. Les deux bouffoles qui y ont été employées,
font de la conftruction du fieur Magny ; l'une & l'autre exécutées avec tout le foin poffible.

M. Pauly, à fon retour, me remit entre les mains la
bouffole de déclinaifon ; l'aiguille eft de fix pouces de
longueur. J'en fis ufage pendant quelque temps , & je
déterminai fa déclinaifon à l'Obfervatoire Royal , le
25 Juillet 1771 , vers trois heures après midi, de $19^{\circ} \frac{1}{10}$.
Depuis elle a paffé entre les mains de MM. Pingré &
Borda qui l'ont emportée dans leur dernier voyage ;
ce qui nous procurera une fuite curieufe & intéreffante
d'obfervations fur la déclinaifon de l'aiguille aimantée,
déterminée dans un grand nombre de lieux différents
avec la même bouffole.

Quant à la bouffole d'inclinaifon , elle n'a pas été
rapportée avec les autres effets de M. Chappe, & nous
la regrettons d'autant plus , qu'il y en a peu de cette
efpèce qui foient bien exécutées. M. le Marquis de Cour-
tenvaux, qui avoit vu & éprouvé celle de M. Chappe
avant fon départ, m'a affuré qu'elle étoit auffi parfaite
qu'elle pouvoit être.

C'eft communément par l'amplitude du foleil , foit
à fon lever, foit à fon coucher, que M. Chappe a déterminé fur mer la déclinaifon de l'aiguille aimantée :
cette obfervation eft, comme l'on fait, beaucoup plus
facile & plus exacte que celle de l'azimut. Sur terre ,
comme au Havre, à Cadix, à la Vera-Crux, M. Chappe,
au moyen d'une méridienne tracée , déterminoit directement cette déclinaifon. Quant à l'inclinaifon , il l'ob-

46 VOYAGE, &c.

servoit quelquefois dans tous sens : il plaçoit d'abord le plan de la bouſſole ou de l'aiguille dans le vrai méridien ; enſuite dans le plan du méridien magnétique ; & enfin dans un plan perpendiculaire, ſoit au méridien du lieu, ſoit au méridien magnétique. Nous avons eu ſoin d'indiquer ces différentes directions dans la Table ſuivante.

Jours.	Longitude par rapport à Paris.		Latitude.		Déclinaiſon de l'aiguille aimantée vers l'oueſt.		Inclinaiſon de l'aiguille aimantée au-deſſous de l'horizon.			
1768	Degr.	Min.	Degr.	Min.	Degr.	Min.	Deg.	Min.	vers le	Direction.
Sept. 26	au Havre-de-Grace.		au Havre-de-Grace.		19	42	72	24	Nord.	Méridien.
Octob. 29	à Cadix.		à Cadix.		19	12	66	30	Nord.	Méridien.
							65	34	Nord.	Plan magnétique.
							83	7	Oueſt.	Perpend. au mérid.
Déc. 29	16	0	31	56	11	20	64	30	Nord.	Plan magnétique.
31	15	46	30	12	13	0				
1769 Janvier										
1	16	38	29	29	14	25				
5	17	6	27	46	14	7	60	1	Nord.	Plan magnétique.
7	17	47	27	27	14	13				
8	21	0	26	26	15	57	60	56	Nord.	Plan magnétique.
13	30	5	23	12	8	27	59	31	Nord.	Plan magnétique.
17	33	1	21	33	8	50				
23	44	43	18	4	1	15	54	7	Nord.	Plan magnétique.
							85	0	Oueſt.	Perpend. pl. magn.
24	45	45	17	13	1	50				
Fév. 1	57	38	15	12	2	31	48	53	Nord.	Plan magnétique.
2	59	1	15	12	4	20	48	55	Nord.	Plan magnétique.
							84	30	Oueſt.	Perpend. pl. magn.
7	65	48	15	12			47	15	Nord.	Plan magnétique.
							86	10	Oueſt.	Perpend. pl. magn.
8	64	50	14	53	4	7				
13	71	9	16	45	17	30				
16	74	36	17	22	18	0				
17	75	50	17	47			46	30	Nord.	Plan magnétique.
27	87	46	22	18	vers l'eſt.		49	0	Nord.	Plan magnétique.
Mars 15	à Vera-Crux.		à Vera-Crux.		6	28	40	5	Nord.	Méridien.
							40	47	Nord.	Plan magnétique.
							89	3	Oueſt.	Perpendiculaire au plan magnétique.

EXPÉRIÉNCES

Sur la pefanteur de différentes eaux , & principalement fur celle de mer , depuis Cadix jufques aux côtes de la Californie.

MONSIEUR Lavoifier lut en 1768 à l'Académie un Mémoire fur une maniere de déterminer la pefanteur des fluides beaucoup plus exactement qu'on ne l'avoit fait jufqu'alors. M. Chappe fentit aifément combien cette méthode pouvoit avoir des applications heureufes dans le voyage qu'il alloit entreprendre ; il pria en conféquence M. Lavoifier de lui remettre un mémoire inftructif qui pût le guider dans ce genre d'expérience, & de lui faire conftruire un inftrument femblable à celui dont il s'étoit fervi.

L'inftrument qui fut remis en conféquence à M. l'Abbé Chappe par M. Lavoifier, confiftoit en un cylindre creux de laiton, de 4 pouces de diametre, fur une hauteur de 8 pouces $\frac{1}{2}$; le fond de cet inftrument étoit lefté avec un culot d'étain, dont la pefanteur étoit telle que la totalité du cylindre étoit prefque équipondérable à l'eau. La partie fupérieure de cet inftrument étoit furmontée par une tige, laquelle fupportoit un petit baffin de balance. Cet aréometre n'étoit autre chofe que celui décrit par Farenheit dans les *Tranfactions Philofophiques*, année 1724, n°. 384; à la différence feulement qu'au lieu d'être exécuté en verre, il étoit conftruit en métal, que le volume en étoit beaucoup plus confidérable, & qu'on avoit cherché à lui donner une forme portative, & peu embarraffante en voyage.

Cet aréometre pefoit très exactement 4 livres, 1 once, 4 gros, 40 grains.

Lorfqu'on le plongeoit dans de l'eau diftillée à 14 degrés $\frac{4}{10}$ du thermometre, on étoit obligé d'ajouter pour le faire enfoncer jusqu'à une marque gravée sur la tige, de le charger d'un poids de 1 gros 7 grains justes; c'est-à-dire qu'il déplaçoit 4 livres, 1 once, 5 gros, 47 grains d'eau distillée à 14 degrés $\frac{4}{10}$ du thermometre de M. de Réaumur.

Cet instrument, tout exact qu'il étoit, ne pouvoit donner que le rapport des pesanteurs des différents fluides, & cette pesanteur relative ne suffisoit pas pour remplir l'objet que M. l'Abbé Chappe avoit en vue; il étoit nécessaire qu'il pût les rapporter à un volume constant, & c'est à quoi il ne pouvoit parvenir qu'en déterminant d'une maniere exacte la pesanteur absolue d'un fluide quelconque. M. Lavoisier s'étoit occupé de cet objet long-temps avant le départ de M. l'Abbé Chappe, & il lui avoit communiqué le résultat de ses expériences; il ne les a pas encore publiées. La pesanteur du pied cube d'eau distillée à 14 degrés $\frac{4}{10}$ du thermometre, étoit, suivant la note qu'il en avoit remise à M. Chappe, de 69 livres, 15 onces, 1 gros, 13 grains.

Il n'étoit pas difficile, d'après cette détermination, de calculer quel étoit le rapport de volume du pese-liqueur à celui du pied cube; il fut trouvé de 37847 à 644629, d'où il fut conclu qu'un grain, sur le bassin du pese-liqueur, répondoit à 17,0325 sur le pied cube: en conséquence de quoi, M. Lavoisier construisit pour M. l'Abbé Chappe une table pour rapporter au pied cube les différences observées sur le pese-liqueur.

Il restoit encore une autre difficulté à vaincre, & ce n'étoit pas la moins considérable; on sait que l'eau change de volume & de poids suivant qu'elle est plus ou moins chaude; mais ce que l'on ignoroit encore, c'est que la loi qu'elle suit dans sa dilatation & dans sa condensation n'a aucun rapport à ce qui s'observe dans les autres fluides, & notamment dans ceux que nous employons pour nos thermometres.

M. Lavoisier avoit levé cette difficulté en calculant,
pour

pour le volume du pefe-liqueur de M. l'Abbé Chappe, une table de correction, pour réduire toutes les pefanteurs trouvées en celle qu'on auroit eue à 14 degrés $\frac{4}{10}$ du thermometre de M. de Réaumur. Cette table s'étendoit depuis douze degrés jufqu'à 23 ; elle avoit été conftruite d'après des expériences très multipliées qui n'ont pas encore été publiées, & qui feront partie de l'ouvrage de M. Lavoifier fur cette matiere.

Le fuccès des opérations de M. Chappe fuppofoit encore qu'on n'emploieroit que des thermometres très exacts, ou au moins dont la marche feroit parfaitement connue : il s'étoit muni en conféquence de deux thermometres portatifs, l'un conftruit par Gallonde, & l'autre par Capy ; ils avoient été l'un & l'autre comparés fur un troifieme de Gallonde, qui étoit refté à Paris, & qui eft encore entre les mains de M. Lavoifier. Enfin comme il étoit poffible que dans le cours du voyage l'inftrument éprouvât des chocs qui y produififfent des enfoncements & des boffes, M. l'Abbé Chappe avoit emporté avec lui de l'eau diftillée, afin d'être en état d'en vérifier fouvent le volume.

Nous ne ferons qu'effleurer ici ces différents objets, parcequ'ils feront traités dans toute leur étendue dans l'ouvrage que M. Lavoifier fe propofe de publier ; nous ne nous fommes même déterminés à en parler ici qu'afin que le public fût bien convaincu que M. l'Abbé Chappe n'avoit rien négligé de ce qui pouvoit contribuer à mettre de l'exactitude dans les réfultats ; c'eft d'après ces mêmes confidérations que nous avons crû devoir publier dans tout leur détail les calculs & les expériences de M. Chappe. Il eft bon, en fait de Phyfique, que le public ait entre les mains toutes les pieces ; qu'il puiffe juger par lui-même, & avec connoiffance de caufe, indépendamment de toute hypothefe.

Il ne refte plus, après avoir indiqué les moyens que

M. l'Abbé Chappe a employés, qu'à joindre ici quelques réflexions fur le réfultat de fes expériences.

On verra d'abord dans le commencement de la Table que de deux épreuves qu'il avoit faites à Cadix fur de l'eau diftillée, une donne une différence en moins de 1 grain, l'autre une différence en plus de $\frac{9}{10}$ de grain. Ces différences font peu confidérables en elles-mêmes, puifqu'elles ne forment qu'une erreur de $\frac{1}{37847}$ fur la maffe pefée ; elles font néanmoins beaucoup plus fortes que la précifion de l'inftrument ne devroit le comporter. Il y a toute apparence qu'il s'eft gliffé quelque légere erreur dans la détermination de la température : une erreur d'un fixieme de degré fur le thermometre fuffiroit pour expliquer cette différence, & il eft difficile de répondre qu'il n'eft point arrivé un auffi léger changement dans la température pendant le temps même de l'expérience. Au refte, comme la pefanteur déterminée à Paris occupe précifément le milieu entre celles faites à Cadix par M. l'Abbé Chappe, & que d'ailleurs on a toutes fortes de raifons de la croire plus exacte que les deux autres, on s'en eft fervi dans toutes les opérations, & on a fuppofé la quantité d'eau diftillée, déplacée par l'aréometre, à 14 degrés $\frac{4}{10}$ du thermometre, de 4 livres, 1 once, 5 gros, 47 grains.

Indépendamment de ces premieres réflexions, on pourra conclure en parcourant les différentes colonnes de la table,

1°. Qu'en général l'eau de la mer differe peu de pefanteur dans l'étendue que M. l'Abbé Chappe a parcourue.

2°. Qu'à Cadix le pied cube de cette eau s'eft trouvé de 4 à 5 gros moins pefant qu'en pleine mer, ce qui vient fans doute de la petite portion d'eau douce que les fleuves & les ruiffeaux mêlent à l'eau de la mer dans le voifinage des côtes.

Dates des expériences. Mois & Jours. (1768)	Longitud. (Deg. Min.)	Latitude. (Deg. Min.)	Nature de l'eau mise en expérience.	Température de l'eau mise en expér. (Dégrés.)	Pesanteur du volume de l'eau mise en expérience, déplacé par le pèse-liqueur, à la température indiquée par la colon. précédente. (liv. onc. gr. grains.)	Correction pour réduir. la pesanteur trouvée en celle qu'on aur. obten. à 14 deg. $\frac{4}{10}$ du therm. (Grains.)	Pesant. du vol. de l'eau mise en expér. déplacé par le pèse-liq à 14 degr. $\frac{4}{10}$ du thermometre. (liv. onc. gr. gr.)	Pesant. du vol. d'eau distillée, déplacé par le même instrum. également à 14 degrés $\frac{4}{10}$ du thermometre. (liv. onc. gr. gr.)	Différence. (ou. gr. grain.)	Différence rapportée au pied cube. (liv. onc. gr. gr.)	Pesanteur du pied cube de l'eau mise en expérience à 14 degrés $\frac{4}{10}$ du thermometre. (liv. onc. gr. gr.)	Circonstances des expériences, & autres observations.
			Expérience faite à Paris sur de l'eau distillée.	$14\frac{4}{10}$	4 1 5 47 0	0,0	4 1 5 47 0				69 15 1 13,0	Ces expériences ayant été faites à terre & avec des attentions très recherchées, on n'a pas lieu d'y soupçonner d'erreur.
			Autre exp. faite à Cadix sur la même eau distillée.	$12\frac{1}{10}$	4 1 5 58 0	— 10 1	4 1 5 47 9				69 15 1 28 3	
			Troisieme expér. faite à Cadix sur la même eau.	$13\frac{1}{10}$	4 1 5 52 8	— 6 8	4 1 5 46 0				69 15 0 68 0	
Déc. 6			Eau de pluie reçue des gout. & ramaf. dans une cit. à Cad.	$14\frac{7}{10}$	4 1 5 60 1	+ 1 3	4 1 5 61 4	4 1 5 47 0	14,4	0 0 3 29,3	69 15 4 42 3	Cette eau, d'après les expér. de M. Chappe, & les tables de M. Lavoisier, contenoit par livre envir. deux grains de sélénite, & autant de sel marin.
			Seconde expérience sur la même eau.	$12\frac{7}{10}$	4 1 5 62 5	+ 1 2	4 1 5 61 3	4 1 5 47 0	14 3	3 27 7	69 15 4 40 7	
	8 34	36 31	Eau de Sainte-Marie à Cadix.	$10\frac{7}{10}$	4 1 5 69 0	— 12 8	4 1 5 56 2	4 1 5 47 0	9 2	2 12 7	69 15 3 25 7	
			Eau de mer puisée à Cadix.	$11\frac{7}{10}$	4 3 4 17 0	— 10 1	4 3 4 6 9	4 1 5 47 0	1 6 31 9	1 14 6 0 1	71 13 7 13 1	Ces expériences ayant été faites à terre avec toutes les précautions nécessaires, on n'a pas lieu d'y soupçonner d'erreur.
			Autre expérience sur l'eau de mer à Cadix.	$11\frac{6}{10}$	4 3 4 19 0	— 10 4	4 3 4 2 6	4 1 5 47 0	1 6 27 6	1 14 4 71 0	71 13 6 12 0	
31	1 0	30 17	Eau de mer.	$16\frac{7}{10}$	4 3 4 11 0	+ 11 4	4 3 4 23 4	4 1 5 47 0	1 6 48 4	1 15 1 65 1	71 14 3 6 3	Incertitude de 15 grains sur le pied cube, à cause d'un peu de roulis.
1769 Janv. 5	0 $35\frac{1}{3}$	27 27	Eau de mer.	$19\frac{1}{10}$	4 3 4 64 0	+ 27 9	4 3 4 19 9	4 1 5 47 0	1 6 44 9	1 15 1 5 5	71 14 2 18 5	Temps parfaitement calme. Expér. exacte.
17	13 52	21 39	Eau de mer.	$19\frac{6}{10}$	4 3 3 66 5	+ 30 2	4 3 4 24 7	4 1 5 47 0	1 6 49 7	1 15 2 15 4	71 14 3 28 4	Expérience exacte.
14	44 24	17 44	Eau de mer.	$22\frac{1}{10}$	4 3 3 43 0	+ 55 4	4 3 4 26 4	4 1 5 47 0	1 6 51 4	1 15 2 44 2	71 14 3 57 2	Un peu de roulis. Incertitude de 10 grains sur le pied cube.
27	48 34	16 36		23 0	4 3 3 23 0	+ 61 4	4 3 4 12 4	4 1 5 47 0	1 6 37 4	1 14 7 21 8	71 14 0 34 8	
Fév. 2	59 1	15 12	Eau de mer.	$22\frac{1}{10}$	4 3 3 14 0	+ 52 0	4 3 4 41 0	4 1 5 47 0	1 6 29 0	1 14 5 22 7	71 13 6 35 7	Incertit. de 10 grains sur le pied cube.
4	61 7	15 8	. . .	$22\frac{4}{10}$	4 3 3 14 0	+ 54 9	4 3 3 68 9	4 1 5 47 0	1 6 21 9	1 14 3 45 7	71 13 4 58 7	Expérience exacte.
4	61 7	15 8	. . .	$22\frac{7}{10}$	4 3 3 10 0	+ 58 1	4 3 3 68 1	4 1 5 47 0	1 6 21 1	1 14 3 32 1	71 13 4 45 1	Expérience exacte.
5	62 54	15 13	. . .	$23\frac{1}{10}$	4 3 3 2 0	+ 62 5	4 3 3 64 5	4 1 5 47 0	1 6 17 5	1 14 2 42 9	71 13 3 55 9	Incertitude de 20 à 30 grains à cause du roulis.
5	62 54	15 13	. . .	$23\frac{4}{10}$	4 3 2 71 0	+ 67 9	4 3 3 66 9	4 1 5 47 0	1 6 19 9	1 14 3 11 7	71 13 4 24 7	Incertitude de 20 à 30 grains à cause du roulis.
6	64 15	15 17	. . .	$22\frac{5}{10}$	4 3 3 14 0	+ 59 2	4 3 4 1 2	4 1 5 47 0	1 6 26 2	1 14 4 47 0	71 13 5 60 0	Incertit. de 10 grains sur le pied cube.
7	65 48	15 13	. . .	24 0	4 3 2 69 5	+ 73 7	4 3 3 71 2	4 1 5 47 0	1 6 24 2	1 14 4 30 0	71 13 5 43 0	Incertitude de 30 à 40 grains à cause du roulis.

Pesant. du vol. l'eau distillée, déplacé par le même instrum. également à 14 degrés $\frac{4}{10}$ du thermometre.	Différence.	Différence rapportée au pied cube.	Pesanteur du pied cube de l'eau mise en expérience à 14 degrés $\frac{4}{10}$ du thermometre.	Circonstances des expériences, & autres observations.
liv. onc. gr. gr.	on. gr. grain.	liv. onc. gr. gr.	liv. onc. gr. gr.	
4 1 5 47 0	1 6 25,7	1 14 4 38,6	71 13 5 51,6	Expérience exacte.
4 1 5 47 0	1 6 30 1	1 14 5 41 4	71 13 6 54 4	Incertit. de 60 grains sur le pied cube à cause du roulis.
4 1 5 47 0	1 6 26 7	1 14 4 55 6	71 13 5 68 6	Incertit. de 20 à 30 grains sur le pied cube.
4 1 5 47 0	1 6 23 6	1 14 4 2 9	71 13 5 15 9	Incertit. de 10 à 12 grains sur le pied cube.
4 1 7 47 0	1 6 22 5	1 14 3 56 0	71 13 4 69 0	Expérience très exacte.
4 1 5 47 0	1 6 18 8	1 14 2 65 0	71 13 4 6 0	Incertitude de 30 à 40 grains à cause du roulis.
4 1 5 47 0	1 6 18 7	1 14 2 63 3	71 13 4 4 3	Observation exacte.
4 1 5 47 0	1 6 11 0	1 14 1 4 1	71 13 2 17 1	Incertitude de 20 à 30 grains.
4 1 5 47 0	1 6 22 0	1 14 3 47 5	71 13 4 60 5	Expérience très exacte.
4 1 5 47 0	1 6 26 4	1 14 4 50 4	71 13 5 63 4	Incertitude de 20 à 30 grains.
4 1 5 47 0	1 6 24 1	1 14 4 11 2	71 13 5 24 2	Incertitude de 30 à 40 grains.
4 1 5 47 0	1 6 14 1	1 14 1 59 9	71 13 2 69 9	Incertitude de 20 à 30 grains.
4 1 5 47 0	1 6 15 6	1 14 2 10 6	71 13 3 23 6	
4 1 5 47 0	1 6 24 1	1 14 4 11 2	71 13 5 24 2	Expér. exacte. Le fond à trente brasses.
4 1 5 47 0	1 6 32 2	1 14 6 5 2	71 13 7 18 2	Incertitude de 30 ou 40 grains. Le fond à 24 br.
4 1 5 47 0	1 5 64 3	1 13 4 45 7	71 12 5 58 7	Expérience très exacte.
4 1 5 47 0	28 6	6 55 3	69 15 7 68 3	Cette eau, d'après les expériences faites par M. l'Abbé Chappe, & les tables de M. Lavoisier, contient par chaque livre 9 grains deux tiers de sel marin, & quelques vestiges de sel de Glauber.
4 1 5 47 0	29 4	6 68 7	70 0 0 9 7	Cette eau, d'après les expérien. de M. Chappe, & les tables de M. Lavoisier; contient par livre d'eau neuf grains trois quarts de sel marin, & quelques vestiges de sel de Glauber.
4 1 5 47 0	20 6	4 63 0	69 15 6 4 0	Cette eau contient six grains trois quarts de sel marin par chaque livre, & quelques vestiges de sel de Glauber.

3°. Qu'à compter du 31 Octobre, jour où M. Chappe étoit par 1 degré de longitude & 30 degrés de latitude, jusqu'au 28 Février où il étoit par 89 degrés de longitude & 22 de latitude, la pesanteur a toujours été assez uniformément en diminuant, & que la différence de la plus grande à la moindre a été environ d'une once sur le pied cube.

4°. Que le changement de pesanteur paroît plutôt relatif à la différence en longitude qu'à la différence en latitude, ce qui sembleroit annoncer que la pesanteur de l'eau de la mer diminue en allant de l'est à l'ouest.

5°. Que M. l'Abbé Chappe n'ayant parcouru qu'une médiocre étendue en latitude, on ne peut prononcer encore d'une maniere très positive sur l'augmentation ou la diminution de salure de l'eau de la mer, en approchant de l'équateur, mais qu'il paroît en général qu'elle diminue plutôt qu'elle n'augmente, au moins dans les parages que M. l'Abbé Chappe a parcourus.

6°. Qu'à la vue des terres de la Californie la pesanteur à paru sensiblement augmenter. Cette derniere expérience est assez singuliere ; elle tient sans doute à la disposition des côtes qui fournissent apparemment moins d'eau douce que l'évaporation n'en enleve ; au reste cette expérience est unique, & M. l'Abbé Chappe n'a pas été à portée de la répéter.

7°. Enfin, que dans la Mer Vermeille l'eau est sensiblement plus légere que dans la partie de la Mer du Nord que M. Chappe à parcourue ; ce qui s'explique très naturellement à cause des grands fleuves qui se déchargent dans cette espece de golfe.

M. de Borda s'est muni, dans le voyage qu'il a entrepris par ordre du Gouvernement relativement au prix proposé par l'Académie pour les longitudes, d'un aréometre de même construction que celui de M. l'Abbé Chappe, à la différence seulement qu'il est un peu moins sensible. Ses expériences fixeront probablement nos idées à cet égard ; elles auront l'avantage d'avoir été faites dans une étendue beaucoup plus grande en latitude.

Il feroit à fouhaiter que les Phyſiciens s'attachaſſent, dans les voyages de long cours, à enrichir la Phyſique de nouveaux faits en ce genre; ils pourroient un jour conduire à des conféquences importantes (1).

---

(1) C'eſt M. Lavoiſier qui a bien voulu rédiger lui-même cet article des expériences de M. Chappe ſur la peſanteur des eaux; perſonne ne pouvoit mieux s'en acquitter que lui.

Expériences des thermometres plongés dans la mer.

LE 3 Janvier 1769, proche des isles Canaries, par 17° 4′ de longitude, & 27° 40′ de latitude, on descendit dans la mer, à la profondeur de 100 brasses, un thermometre enveloppé dans de la toile, un autre à la profondeur seulement de quatre pieds, & un troisieme resta à bord exposé à l'air libre.

Au bout d'une heure on retira les thermometres plongés ; celui qui n'étoit enfoncé que de 4 pieds à la surface de la mer, marquoit 17°, 2 ; celui du fond, 13° $\frac{3}{4}$, & celui du bord 18° $\frac{1}{2}$.

Le 5 Janvier, à-peu-près au même lieu, on retira les thermometres plongés au bout de deux heures.

> Thermometre du bord . . . . 18°.
> Thermometre de la surface. . 17 $\frac{7}{10}$.
> Thermometre du fond. . . . . 13 $\frac{1}{2}$.

Le 13 Janvier, par 30° 5′ de longitude, & 23° 12′ de latitude.

> Thermometre du bord . . . . 17 $\frac{1}{12}$.
> Thermometre de la surface . . 18 $\frac{3}{4}$.

D'après ces expériences, nous voyons donc qu'à cent brasses de profondeur la différence de la température de la mer avec celle de l'air supérieur est d'environ 4° $\frac{1}{2}$. Mais cette différence est-elle la même dans tous les temps, dans tous les lieux, à différentes profondeurs ? Jusqu'à quel terme l'air extérieur peut-il influer ? C'est ce que des expériences bien exactes, suivies & répétées, auroient pu nous apprendre ; malheureusement celles-ci sont en trop petit nombre pour que l'on puisse en rien conclure.

Je joins ici une autre expérience que fit encore M. Chappe. Il boucha parfaitement une bouteille, & après en avoir recouvert le bouchon avec de la poix, il la descendit à 500 pieds de profondeur dans la mer. Au bout d'un quart d'heure, l'ayant retirée, il trouva le bouchon absolument enfoncé dans la bouteille.

E X T R A I T d'une lettre adreſſée de Mexico à l'Acadé-mie Royale des Sciences, par Don Joſeph Antoine de Alzate y Ramyreʒ, aujourd'hui Correſpondant de ladite Académie, contenant des détails intéreſſants ſur l'hiſtoire naturelle des environs de la ville de Mexico (1).

MESSIEURS,

Le départ de M. Pauly pour Paris me procure l'occa-ſion favorable de vous envoyer différentes curioſités de ce pays (2). Je crois devoir y ajouter une explication que je ſoumets toutefois à votre jugement & à vos lu-mieres.

La mort de M. Chappe m'a été on ne peut pas plus ſenſible. La Nouvelle Eſpagne a perdu en lui un ſujet dont les lumieres euſſent beaucoup contribué à faire connoître mille curioſités naturelles enſevelies ici dans

---

(1) Cette lettre, écrite en Eſpagnol, fut remiſe à l'Académie par M. Pauly, en même temps que les papiers de M. Chappe : M. Pingré fut chargé de la traduire en François pour en faire lecture dans une de nos aſſemblées particulieres. C'eſt cette traduction que je ſuivrai ici, à quelques changements près, qui ne portent que ſur l'ordre, le ſtyle, & quelques tournures de phraſes, mais nullement ſur le fond des choſes. J'ai cru auſſi devoir ſupprimer tout ce qui ſe trouve dans cette lettre d'étranger à l'hiſtoire naturelle, ou peu intéreſſant pour le public.

(2) La caiſſe qui contenoit les différents morceaux d'hiſtoire naturelle que Don Alzate annonce ici, n'arriva que long-temps après cette lettre. L'Académie alors nomma MM. de Juſſieu & Fougeroux de Bondaroy pour en faire l'examen, & lui en rendre compte. J'ai engagé M. de Fougeroux à me communiquer les ob-ſervations qu'il a faites ſur les différents morceaux d'hiſtoire naturelle dont il eſt fait mention dans cette lettre ; il a bien voulu me fournir les notes ſuivantes, & m'a permis de les inſérer ici pour l'intelligence de la lettre de Don Alzate.

l'oubli. Les perfonnes les plus capables de les en tirer, ou ne s'en occupent point, ou ne font point en état de les communiquer au public.

Selon ce que j'ai pu conclure du rapport de M. Pauly, M. Chappe doit être mort d'une maladie épidémique que nous appellons ici, en langue Mexicaine, *matlazahualt*, & qui fe nomme vomiffement noir à la Véra-Crux, à Carthagene & ailleurs. Cette maladie eft le fléau du Mexique. En 1736 & 1737 elle enleva à Mexico plus du tiers de fes habitants; & en 1761 & 1762 elle fit encore les plus grands ravages, & dépeupla ce royaume. Il mourut au moins vingt - cinq mille perfonnes dans l'enceinte de cette ville; il eft vrai qu'à cette reprife la maladie contagieufe fut accompagnée de l'épidémie de la petite vérole, qui ne contribua pas peu à la deftruction.

Le matlazahualt n'a d'autre caufe, à ce qu'il me paroît, que le mêlange de la bile avec le fang. En effet, les perfonnes qui en font attaquées ont une couleur pâle, & rendent, pour la plupart, le fang par le nez & par la bouche; accident qui arrive à l'approche des crifes (1). La rechûte eft plus dangereufe que la premiere attaque, qui eft rarement feule. Dans l'épidémie de 1761 (la feule que j'aie pu obferver, étant né dans le cours de la premiere), j'ai remarqué que les purgatifs & les faignées étoient très dangereux, jufques-là même que les pérfonnes qui fe faifoient faigner ou purger pour d'autres maladies, étoient auffi-tôt attaquées du matlazahualt. Cette maladie d'ailleurs s'attache principalement aux Indiens; & c'eft toujours par eux qu'elle commence. En 1761 & 1762, dans l'efpace de douze mois feulement, il entra dans l'hôpital royal (qui ne fert qu'aux feuls Indiens)

Maladie du matlaza-hualt.

----

(1) M. Chappe n'a point eu de vomiffements. Des accès de fievre violents, de grands maux de tête, & une pefanteur à la poitrine, qu'il appelloit une obftruction; voilà la maladie qui l'a enlevé, & qui ne paroît pas reffembler à celle que Don Antoine de Alzate décrit ici.

plus de neuf mille malades; il n'en réchappa qu'environ deux mille.

Il n'eſt guere de plante auſſi féconde en curioſités botaniques que celle du *maïs*. C'eſt par elle qu'on peut s'aſſurer, avec la plus grande évidence, de la maniere dont ſe nourrit le grain dans la plante. C'eſt par elle qu'on vérifie qu'auſſi-tôt que le grain s'eſt rempli, la plante reſte inſipide; & par conſéquent que les ſucs qu'elle contenoit d'abord ont ſervi de nourriture au grain, après avoir été améliorés dans la plante. En effet, les plantes de maïs qui ne rendent point de graine (elles ſont ici en grand nombre), ſont toujours d'une extrême douceur. On les apporte au marché à Mexico ; & les enfants, qui en font la plus grande conſommation, les mangent avec autant de plaiſir que les véritables cannes de ſucre : auſſi leur donne-t-on le nom de *cannes*. J'ai exprimé quelques-unes de ces plantes, j'en ai fait bouillir la liqueur, & j'en ai extrait un ſucre parfait. Dans le Mexique, après avoir ſemé le maïs on le laiſſe ſans culture ; il ſe convertit alors en cannes, & ne rapporte aucun fruit.

Quoique pluſieurs Auteurs aient donné de très bonnes deſcriptions du *maguey*, plante dont on tire *le pulque*, eſpece de boiſſon qui ſupplée ici à la rareté du vin, il me paroît que perſonne ne s'eſt donné la peine de déterminer la quantité de liqueur qu'on peut extraire de cette plante. Les habitants de Xachimilco ſont ceux qui poſſedent le mieux la vraie maniere de cultiver le maguey; auſſi cette plante eſt-elle plus grande chez eux que par-tout ailleurs. Un maguey rend en vingt-quatre heures plus de deux arobes de liqueur, & continue d'en fournir autant tous les jours, dans l'eſpace de ſix ou huit mois (1).

Je vous envoie auſſi un ſimple qui me paroît être le meilleur de ceux que l'on a employés juſqu'ici pour la

---

(1) L'arobe eſt à-peu près de 25 livres ; ainſi l'on peut compter ſur le pied de quatre arobes environ pour le quintal.

teinture

teinture en noir. Il se nomme *cascalotte* (1). L'arbre en est grand : il croît seulement dans les pays très chauds. Sa feuille est petite, & ressemble fort à celle de l'*huisiache*, dont je parlerai tout-à-l'heure. Sa fleur est jaune. L'accroissement de l'arbre est aussi, ou même plus lent que celui du chêne. Je n'ai pas besoin d'en décrire le fruit, puisque j'ai l'honneur de vous l'envoyer. On ne trouve ici de noix de galle que chez les apothicaires, qui en font usage dans les remedes, & font obligés de les tirer d'Europe. Nous n'aurions donc pas de moyen de teindre en noir, si la nature ne nous eût procuré le secours de la cascalotte. J'ai dit que la teinture que ce simple fournit est la meilleure de toutes, parcequ'elle est moins corrosive que les autres ; aussi porte-t-on ici plus généralement des étoffes noires, parceque l'expérience a convaincu que cette couleur est la plus durable de toutes. En effet on voit les chapeaux, même les plus communs, ne perdre jamais rien de leur premier lustre, & se mettre en lambeaux avant que la couleur en soit le plus légérement altérée.

L'*huisiache* (1) sert aussi à la teinture en noir, mais avec moins de succès que la *cascalotte*. Son principal usage est de fournir l'encre à écrire. Cet arbre demande une

L'huisiache.

---

(1) La cascalotte est une espece d'acacia ; son fruit est une silique (*fig.* 1 & 2, *Pl.* 2) longue & large, souvent repliée sur elle-même, comme on le voit (*fig.* 1) ; elle est composée d'un liber ou parenchyme ligneux *a*, mince (*fig.* 3), couvert d'une écorce épaisse *b* ; elle est extérieurement un peu rougeâtre, & se réduit aisément en une poudre fine, lorsqu'elle est seche. La gousse renferme plusieurs graines (*fig.* 4) un peu applaties, d'un jaune clair & luisant.

On sait que les gousses de presque tous les acacias donnent une couleur noire : elles peuvent aussi servir à tanner les cuirs. Sloane dit que l'*acacia indica* sert à faire de l'encre. (*Hist. Jamaïca.*)

(1) L'huisiache est aussi une espece d'acacia qui a du rapport avec l'*inga* ou pois sucrin d'Amérique, décrit par plusieurs Botanistes (*fig.* 5 & 6). L'écorce de cette silique est dure, épaisse & noire ; elle contient plusieurs semences, chacune dans une loge particuliere (*fig.* 7), la gousse étant divisée par cloison (*fig.* 5).

H

température chaude; on a cependant la mauvaife coutume de le planter dans des terreins froids, tel que celui de la ville de Mexico où l'on en compte fept, outre ceux qui font dans l'enclos des bains.

Ahuehuete.

Je vous envoie un deffein exact de l'arbre monftrueux d'Attifco, que l'on nomme *ahuehuete*; fes proportions font prifes avec la plus grande exactitude. Cet arbre eft toujours d'une extrême groffeur. Je joins ici fa femence ou fa noix, & fa feuille (1).

Sabino.

Puifque j'en fuis fur les arbres monftrueux, il ne fera pas hors de propos de dire un mot du *fabino*, qui eft dans le cimetiere de Popotta, village éloigné d'environ une demi-lieue de Mexico. Son tronc, bien mefuré, a feize vares & demie de circonférence (notre vare a un peu moins de trois pieds-de-roi) (2).

Sapote blancco.

Dans la cour de la maifon du Vicaire on voit encore un arbre qui préfente un phénomene fingulier. On a coutume d'attacher les chevaux à une de fes branches, qui, en conféquence, fe trouve abfolument dépouillée de fon écorce; de maniere que l'on n'y voit que la partie

---

(1) La figure de cet arbre que Don Alzate a envoyée ne pouvant donner aucune lumiere pour déterminer fon efpece, j'ai eu recours au fruit & à une feuille qui fe font trouvés dans un même paquet; & à leur infpection, j'ai penfé qu'ils pouvoient appartenir au *cupreffus lufitanica patula, fructu minori*. (Inft. pag. 587.)

Les fruits font compofés d'écailles (*fig.* 8 & 9), & les femences font difpofées en dedans comme elles le font dans les coniferes; ainfi c'eft un vrai cyprès qui ne peut point avoir de rapport avec le *cupreffus foliis acaciæ deciduis*, chaque écaille dans le fruit de ce dernier recouvrant la femence. D'ailleurs la feuille qui s'eft trouvée jointe aux graines de l'arbre du Mexique eft compofée de folioles. (*fig.* 10), qui ne font point oppofées, comme dans le cyprès à feuille d'acacia. Il réfulte donc de cet examen, que l'arbre dont parle Don Alzate n'eft point le cyprès à feuille d'acacia : ce n'eft point non plus celui de Portugal, quoique l'ahuehuete ait un vrai rapport avec celui-ci par fes fruits. C'eft donc une nouvelle efpece de cyprès non décrite, & qui entreroit néceffairement dans le genre des cyprès.

(2) Le tronc de cet arbre a donc environ 50 pieds de circonférence.

ligneufe. Malgré cela cette branche conferve fa verdeur, & donne du fruit comme fi elle étoit revêtue de toute fon écorce. L'arbre eft beau, & donne un fruit très agréable. Nous l'appellons *fapote blanco*.

Je vous envoie une femence que nous appellons *chia*; on la met en infufion pendant deux heures, on y mêle du fucre, & on boit la liqueur. C'eft de cette femence que l'on tire l'huile dont nos Peintres fe fervent pour broyer leurs couleurs, & qui produit un fi bel effet fur nos tableaux : peut-être lui trouvera-t-on un autre ufage. Le moyen dont on fe fert pour extraire l'huile eft de faire griller la femence, & de la preffer enfuite (1). Chia.

Je me rappelle une plante qui n'a pas, je crois, fon égale parmi les plantes connues : on la nomme *cacahuate* (2). On connoît plufieurs plantes qui nous nourriffent de leurs racines : mais qu'une plante produife fon fruit dans fa racine même, c'eft, je crois, une propriété particuliere à celle dont je parle. Je vous envoie la plante & le fruit; il ne me refte donc plus qu'à parler de la maniere dont on la cultive. On la feme dans les pays chauds; elle réuffit même dans les climats tempérés. On feme le fruit à la diftance d'un pied, & l'on attend que la plante foit élevée d'environ un demi-pied; on enterre alors cette branche (qu'ils nomment *fiftolillo*), de maniere que fes deux extrémités, la racine & la pointe, reftent couvertes de Cacahuate.

---

(1) Les graines que nous a envoyé Don Alzate appartiennent à la plante nommée par M. Von Linné *falvia hifpanica*. Cette graine a levé ici, où l'on avoit déja la plante depuis long-temps. Les Italiens la cultivent auffi; M. Harduini en a donné une defcription, & une figure.

(2) Cette plante eft l'arachinna ou l'arachis de M. Von Linné, piftache de terre d'Amérique; elle donne des fruits qui font des gouffes dont la peau eft fort tendre & caffante (*fig.* 11), fur-tout quand elle eft feche. On trouve dedans une ou deux amandes (*fig.* 12) qui font agréables au goût, ce qui les fait nommer piftaches de terre. Elle eft commune dans tous les pays chauds d'Amérique : elle a levé dans nos climats dans les ferres chaudes, & y a produit des fruits; elle enfonce fon piftil dans la terre, & le fruit y mûrit.

terre jufqu'au moment de la récolte. Ce temps venu,
on leve les branches de la plante pour en tirer le fruit
qu'on y trouve en abondance. Quoiqu'on ne recom-
mence pas à femer ; le champ, à l'aide de ce qui eft refté,
produira toujours un nouveau plan. La quantité qu'on
en confomme dans ce royaume, fur-tout pour la
collation, eft incroyable. La maniere dont on prépare
ce fruit pour le mettre en état d'être mangé, eft de le faire
rôtir à un feu lent. On s'en fert auffi à d'autres ufages,
pour fuppléer à la difette d'amandes où nous fommes
dans ce pays. Ce fruit eft mal-fain, fur-tout pour la gorge.
J'avertis ici que la plante produit fon fruit, non dans la
racine qui s'eft d'abord formée, mais dans l'extrémité qui
eft recouverte de terre. Il faut ajouter une autre circonftance, c'eft que la plante eft dans fa plus grande beauté
lorfqu'il y a du foleil ; elle fe fane lorfque cet aftre vient
à lui manquer.

Poiſſons vivi-
pares à écail-
les. Voyez fi-
gure 1, Pl. 2.

Je vous envoie des poiffons vivipares à écailles, dont
je vous avois donné précédemment une notice (1). Voici

---

(1) Don Alzate a envoyé à l'Académie ces poiffons confervés
dans de l'eau-de-vie ; ils ont la peau couverte de très petites écailles ;
leur longueur varie depuis un pouce jufqu'à dix-huit lignes, & ils
n'ont guere que cinq, fix & fept lignes dans leur plus grande largeur : ils ont de chaque côté & près des ouies une nageoire a, deux
autres petites nageoires b fous le ventre, une unique d derriere
l'anus c, qui fe trouve entre la nageoire b & celle unique d ; la
queue e n'eft point fourchue ; enfin ce poiffon a encore un aileron f fur
le dos, un peu au deffus de la nageoire d, que nous avons dit être
fous le ventre.

On connoît dans nos mers quelques poiffons vivipares, comme les
loches, &c. Ces poiffons ont pour la plupart la peau liffe & fans
écailles. L'aiguille d'Ariftote eft vivipare, & cependant recouverte
d'écailles larges & dures ; je l'ai pêchée ayant encore des petits dans
la matrice. Quant à ces poiffons vivipares dont parle ici Don Alzate,
c'eft une efpece particuliere & nouvelle que nous lui avons obli-
gation de nous faire connoître ; elle fe multiplie dans un lac d'eau
douce voifin de la ville de Mexico.

ce que j'ai obſervé en eux cette année. Si en preſſant avec les doigts le ventre de la mere, on en fait ſortir les petits avant le temps, en les examinant au microſcope, on y obſerve la circulation du ſang telle qu'elle doit être dans un poiſſon déja grand. Si l'on jette ces petits poiſſons dans l'eau, ils nagent auſſi-bien que s'ils avoient vécu depuis long-temps dans cet élément. Les mâles ont les nageoires & la queue plus grandes & plus noires; de ſorte qu'à la premiere vue on peut facilement diſtinguer les deux ſexes. La maniere de nager de ces poiſſons eſt ſinguliere; le mâle & la femelle nagent enſemble ſur deux lignes paralleles, la femelle toujours au deſſus, & le mâle au-deſſous : ils conſervent auſſi toujours entre eux une diſtance conſtamment uniforme, & un paralléliſme parfait. La femelle ne fait pas un ſeul mouvement, ſoit de côté, ſoit vers le fond, qu'il ne ſoit à l'inſtant imité par le mâle.

Entre les inſectes les plus ſinguliers, on trouve ici une araignée qui mérite une attention particuliere. Elle reſſemble fort, par la figure, aux tarentules du royaume de Naples. Elle peut avoir huit lignes de long; elle eſt velue : ſa couleur eſt cendrée. Jamais on ne la voit le jour; elle ne paroît la nuit qu'en temps ſerein, mais annonce une pluie prochaine : c'eſt un barometre infaillible. Un Curieux m'avoit communiqué cette remarque : je l'ai ſouvent vérifiée avec tout le ſuccès poſſible; car toutes les fois que j'ai vu de cette eſpece d'araignées, j'ai remarqué qu'en vingt-quatre heures le temps changeoit, & ſe mettoit à la pluie.

La *maripoſa plateada*, ou le papillon argenté, m'a paru, Meſſieurs, d'autant plus digne de votre attention, qu'il ne s'en trouve point chez vous, du moins n'en trouve-t-on pas la deſcription dans l'ouvrage de M. de Réaumur (1). Les cocons que je vous envoie ſont curieux

Araignées.

Papillon.

Pl. I, fig. 2 & 3.

____

(1) Nous avons ici des papillons nacrés qui ne different de celui du

parleur structure. Je ne crois pas qu'on en trouve de sem-
blables en Europe. Vous expliquerez mieux que personne,
Messieurs, la maniere dont le petit papillon ouvre, en
naissant, son couvercle, ou la porte de son cocon, lorsque vous aurez examiné l'adresse avec laquelle elle est
ajustée. J'ai tous les ans une infinité de ces cocons, &
je n'ai encore pu m'assurer, ni de la maniere dont le papillon sort, ni de l'industrie qu'emploie le ver pour tra-

---

Mexique & de l'Amérique que par la grandeur. Les nôtres sont plus
petits & un peu moins colorés. Le climat peut produire ces variétés
dans l'espece. Les papillons nacrés dont il s'agit ici, & les nôtres, sont
des papillons diurnes. M. de-Réaumur & M. Geoffroy ont décrit
ces derniers, & ils annoncent tous deux quils ne connoissent pas la
chenille qui donne ces papillons.

Par analogie on pourroit croire que ces chenilles, étant de la
classe de celles qui donnent des papillons diurnes, ne font point
de coque ; que les chrysalides s'attachent à des branches d'arbres, &
s'y métamorphosent.

Si l'observation de Don Alzate est juste, & si réellement le papillon nacré qu'il nous a envoyé est sorti de ces coques singulieres,
il en résulteroit pour nous de nouvelles connoissances. 1°. Comme
nous avons trouvé dans ces coques des dépouilles de chenilles épi-
neuses, nous en pourrions conclure que le papillon nacré provient
d'une chenille de cette espece. 2°. Nous pourrions, connoissant la
coque du papillon nacré du Mexique, qui a beaucoup d'analogie
avec les nôtres, être plus à portée de trouver la coque & la chenille qui donnent ces papillons, très communs dans nos climats.
Mais nous craignons que le papillon nacré que Don Alzate nous a
envoyé ne soit point sorti de la coque qu'il y joint, & par conséquent cette observation mériteroit une nouvelle vérification. Ce
qui me fait former ce doute, c'est que Mademoiselle de Merian a
décrit la chenille de ce papillon diurne ; elle la regarde comme ne
faisant point de coque, & dit que la chrysalide se suspend comme
la plupart de celles de la même classe. (Voyez *Insectes de Surinam*,
tome I, *planche* 25.)

Au reste cette coque (*fig.* 2 & 3, *Pl.* 3) que nous a envoyé Don
Alzate sera toujours singuliere par le couvercle *a* que se pratique l'insecte, & qu'il détache à volonté. On voit dans la *fig.* 2 cette coque,
dont la porte *a* est ouverte ; la charniere est en *b*, & la coque est
attachée à une branche dans sa partie *c*.

vailler si artistement son cocon, ni enfin comment les fils, étant glutineux, ne se collent pas ensemble dans le temps de la formation du cocon. J'aurois bien des choses à dire sur nos papillons, mais ce sera pour une autre occasion.

Dans une lettre que j'ai eu anciennement l'honneur de vous écrire, je crois vous avoir dit, Messieurs, que j'ignorois qu'il y eût des pétrifications dans ce royaume. Je me suis assuré depuis qu'il s'en trouve quelques-unes dans le petit lieu de *Chalma* ; je compte m'y rendre pour avoir une plus ample connoissance de ces pétrifications. J'ai vu des coquilles très précieuses trouvées à *Souvra* ; leur matiere est précisément celle dont on tire l'argent & l'or. On m'assure aussi que dans la province de *Roucra* on a trouvé, en creusant dans une mine, des corps humains pétrifiés, dont on a tiré beaucoup d'argent ; &, entre autres, le corps d'une femme tenant son enfant dans l'attitude de lui présenter le sein. Les deux corps sont parfaitement pétrifiés ; ils ont rendu une quantité considérable d'argent. Ce fait me paroissant mériter confirmation, j'ai voulu en être assuré par la déposition de témoins oculaires. J'ai écrit en conséquence à des personnes de ladite province ; j'attends avec impatience leur réponse.

J'ai donné à M. Chappe une dent molaire, si exorbitamment grosse, qu'elle pesoit plus de huit livres ; elle avoit plus de dix pouces de long, & le reste en proportion. De quel animal venoit cette dent ? Je l'ignore. On me l'avoit donnée comme un os de géant. Ce que je puis assurer, c'est que l'émail de la dent étoit, en grande partie, conservé. Un Curieux de ce pays possede aussi un os de jambe, qui malheureusement n'est point en son entier ; il en manque une partie. La tête du fémur a un pied & demi de diametre. On a trouvé cet os près de *Toluca*. L'Indien de qui on l'a acheté, s'en servoit pour barrer sa porte ; ce qui n'est pas étonnant, puisque ce

Pétrifications

Ossements d'une grandeur singuliere.

qui refte de cet os a encore plus de cinq pieds de longueur. On m'a rapporté que le Curé du village de *Te-
cali* vient de découvrir des os d'une grandeur monftrueufe,
&, ce qui eft de plus étonnant, qu'il a trouvé des fépul-
cres proportionnés à ces os. Je m'en informerai avec le
plus grand foin, & je vous communiquerai, Meffieurs,
ce que j'aurai découvert à ce fujet.

Dans vos Mémoires de 1744, on parle de poiffons morts
trouvés dans les puits de Mexico, à l'occafion d'un volcan
qui fit éruption à la Véra-Crux. Rien de plus faux. Quelque recherche que j'aie pu faire, je n'ai pu me procurer
aucun éclairciffement à ce fujet. A la Véra-Crux on n'a pas
la plus légere idée de ce volcan. A Mexico, on ne peut
rien trouver dans les puits; ils font auffi nombreux que
les maifons, leur profondeur n'excede jamais fix pieds.
L'eau fe trouve à trois pieds au plus, & le plus fouvent
à un pied. Comment y pourroit-on trouver des poiffons
morts, puifque la Nature feule du terrein empêche qu'il
n'y ait des conduits fouterrains.

Je parlerai ici d'une fingularité qui fe trouve dans le
domaine royal des mines de *Pachuca*, en la dépendance
immédiate du département *del Salto*. C'eft une montagne formée de pierres qui ont toutes les figures imagi-
nables. On trouve les pierres toutes taillées de la groffeur
& de la figure dont on les peut defirer; on n'a que la
peine de les détacher du monceau. Ces pierres ne font
pas rangées horizontalement, mais perpendiculairement
à l'horizon; & telle qu'eft une de ces pierres, on peut
être affuré que toutes celles qui font au deffus ou au def-
fous lui reffemblent (1).

Ce que je vais rapporter n'eft pas de même efpece,
mais ne mérite peut-être pas moins d'attention. Il s'agit

---

(1) Ceci paroît être une pierre de bafalte, pareille à celle du
Comté d'Antrin en Irlande, que l'on appelle *Pavé des Géants*.

d'une

l'une pierre dont je ne puis spécifier la grandeur, parceque la plus grande partie se trouve enfoncée dans la
terre. Sa surface extérieure est de plus de trois pieds ; sa
couleur est celle du marbre noir, à l'exception d'une
tache, ou plutôt d'une incrustation de matiere différente qui s'y trouve comme amalgamée. La singularité
de cette pierre consiste en ce que le coup le plus léger
qu'on lui donne avec le doigt y occasionne un son avec
des vibrations de longue durée : aussi cette pierre a-t-elle
été nommée la *pierre cloche*, tant le son qu'elle rend
ressemble à celui d'une cloche. Elle se trouve dans le lit
d'une riviere qui ne coule pas toujours, & qui traverse
la ville de *Cuantla*, capitale de ce que nous appellons
Ancilpas, à dix-huit lieues à-peu-près au sud de Mexico.

Voici un fait dont je suis témoin, & vous le serez
vous-mêmes, Messieurs, puisque je vous envoie les pétrifications du domaine royal des mines de *Huajannato*,
dont la beauté est inimitable. On trouve dans une de ces
mines, des pierres, ou, pour mieux dire, dans toutes les
pierres qu'on tire de cette mine, de quelque maniere
qu'on les divise, on voit l'image d'un cedre admira-
blement imité. Il y a dans quelques-unes de ces pierres
une particularité remarquable ; la partie qui forme l'i-
mage du cedre est de pur argent, & le reste de la mine
propre à en fournir. On connoît cette mine sous le nom
de *mine du cedre*, tant à cause du cedre représenté sur ces
pierres, que parcequ'à l'entrée de la mine il y a réellement un très beau cedre ; rencontre assez singuliere (1).

---

(1) Il y avoit dans la caisse que Don Alzate a envoyée à
l'Académie un morceau de mine d'argent, singulier par les
crystaux spatheux qui s'y trouvent. Ces crystaux sont composés de
lames minces, d'un beau blanc, & qui ont peu de dureté ; exposés
au feu ils s'y calcinent, & y deviennent plâtre. Ce plâtre est très fin,
d'un beau blanc, un peu gros sous les doigts (*fig.* 4, *Pl.* 1.) ; mais
nous n'avons rien vu qui ressemblât à un cedre. On connoît au Pérou

I

Vitrifications

Les vitrifications naturelles que les Indiens appellent *peliftes*, fe trouvent dans tout le royaume. Elles abondent à Mexico, fur-tout dans la partie boréale ; mais le lieu où elles fe trouvent en plus grande quantité, eft le village de *Zuiapequaxo*, près de *Valladolid*. On y voit des montagnes qui ne font pas d'autre matiere. C'eft de là que ce village a tiré fon nom, qui eft celui que l'on donne à ces vitrifications dans l'idiôme de Michoacan (1).

Tochomites.

Les fils de laine que je vous envoie s'appellent en Indien *tochomites*. On en fait des rubans. Les Indiens les teignent eux-mêmes par une méthode qui leur eft particuliere, & fort différente de celle qu'on emploie en Europe. Ils n'achetent pour cela que de la graine d'écarlate ; les autres ingrédients qu'ils y mettent, font certai-

---

une mine d'argent qui prend la forme d'une plume ou d'une fougere ; feroit-ce de celle-là dont l'Auteur auroit voulu faire mention ici ?

La caiffe de Don Alzate contenoit encore des graines, en partie vermoulues, & qui n'ont point levé ; des fragments de plantes qu'il a été impoffible de reconnoître, & auxquelles on a attribué dans le pays des propriétés. Nous y avons trouvé auffi des boutons de fleurs d'un grand magnolia, ou efpece de laurier tulipier, appellé dans le pays *yolofochil*. Don Alzate dit que cette fleur répand une odeur très agréable, même étant feche ; que l'arbre qui la porte fe plaît dans les pays chauds, où il devient très grand.

M. Noël, jeune Peintre qui a accompagné M. Chappe, nous a remis plufieurs deffeins qu'il a faits en traverfant le Mexique, & en Californie. Ces deffeins nous offrent, dans la partie des végétaux, un cierge fur lequel fe trouvent une excroiffance monftrueufe, les fleurs d'un corallodendron ou bois immortel d'Amérique, & celles d'une autre plante qui nous eft inconnue ; parmi les animaux, des poiffons, des zoophytes, la main de mer, &c. un lézard qui nous a paru fingulier & que l'on nomme caméléon dans le pays, un quadrupede que nous n'avons pu rapporter à aucun de nos genres décrits & connus.

(1) Les vitrifications que Don Alzate a envoyées à l'Académie, font un laitier de volcan, un vrai verre, ferré, pefant, d'une couleur noire : c'eft la pierre de Galinace des Efpagnols, & probablement la vraie pierre Obfidienne de Pline. Les plus grands morceaux que j'ai trouvés dans la caiffe de Don Alzate ont 3 pouces ou 3 pouces

nement très peu effentiels au fuccès. C'eft ainfi qu'ils teignent, à très bon marché, en rouge toute efpece de laine. Quant à leur méthode, c'eft un fecret qu'il m'a été impoffible de pénétrer, quelque effort que j'aie fait pour y parvenir (1).

Je finirai, Meffieurs, par un fait fingulier, qui me paroît avoir un grand rapport avec les expériences électriques. Dans une terre de feu Don Alonze de Gomez, Secrétaire du Vice-Roi, fife en la jurifdiction de *Singiuluca*, au nord-eft de cette capitale, dont elle eft diftante d'environ vingt-deux lieues, il y avoit un domeftique perclus de fes deux bras, je ne fais fi c'étoit de naiffance. On l'occupoit à garder des ânes. Revenant un foir des champs à la maifon, il fut furpris par un orage furieux, & fe réfugia fous un arbre pour fe mettre à couvert de la pluie. Là il fut frappé d'un coup de foudre qui le laiffa quelque temps évanoui. Il ne fut point bleffé d'ailleurs ; au contraire, revenu à lui, il eut la fatisfaction de fe trouver le libre ufage de fes bras & de fes mains. Le fait eft fûr ; je le tiens d'un Eccléfiaftique d'une probité reconnue, qui en fut le témoin, & auquel on doit d'autant plus ajouter foi, qu'il ignore abfolument ce que c'eft qu'électricité, matiere électrique : il raconte le fait uniquement pour fa fingularité, fans prétendre l'appliquer à aucun fyftême phyfique.

& demi fur la plupart de leurs dimenfions, & font épais de trois lignes environ. Ce que dit Don Alzato prouve qu'autrefois il y avoit un volcan au lieu ou près du lieu où fe trouve bâtie la ville de Mexico. Tout ce pays en général offre des reftes d'anciens volcans, qui fans doute y ont été très communs.

(1) On n'éprouve pas ordinairement de difficultés pour teindre la laine ; mais il n'en eft pas de même pour le coton. Cependant il faut auffi pour la teinture de la laine des préparations dont il feroit fingulier que les Mexicains puffent fe difpenfer pour teindre en rouge ces tochomites.

Telles font, Meſſieurs, les obſervations que j'ai l'honneur de vous communiquer (1)... &c.

------

(1) Cette lettre, dont nous venons de donner l'extrait, a été lue à
l'Académie, & entendue avec le plus grand intérêt. On eſt encore
redevable à Don Alzate d'une carte du Mexique, fort exacte, qu'il
a faite ſur les mémoires les plus fideles des voyageurs qu'il eſt à portée
de conſulter dans le pays même. Il nous a envoyé auſſi une carte faite
du vivant de Cortès, par laquelle il eſt clair que dès ce temps-là on
reconnoiſſoit la Californie pour une preſqu'iſle, & ſon étendue
étoit auſſi bien fixée qu'elle l'a été depuis par les dernieres découvertes. Si cette carte eût été publiée dans ſon temps, elle eût épargné
bien des diſputes ſur la Californie. Le zele de Don Alzate y Ramirez
à nous communiquer tout ce qui peut ſe trouver d'intéreſſant dans
un pays ſi nouveau pour nous, ſes qualités perſonnelles, & ſes connoiſſances particulieres, ont mérité les éloges & excité la recon-
noiſſance de l'Académie, qui s'eſt empreſſée de le lui témoigner, en
l'admettant au nombre de ſes Correſpondants.

Fin de la premiere Partie.

OBSERVATIONS

ASTRONOMIQUES

FAITES AU VILLAGE DE S. JOSEPH,

EN CALIFORNIE,

Relativement au paſſage de Vénus ſur le Soleil, le 3 Juin de l'année 1770.

SECONDE PARTIE.

Monsieur Chappe arriva au village de S. Joſeph le 19 Mai de l'année 1769, c'eſt-à-dire quinze jours avant celui du paſſage de Vénus ſur le Soleil. Il n'y avoit point de temps à perdre : dès le lendemain de ſon arrivée, il commença des obſervations préliminaires, qui le mirent en état de connoître & de régler la marche de ſa pendule. Deux jours lui ſuffirent pour s'appercevoir que le balancier étoit trop long ; il le raccourcit. Il vint à bout par-là de faire ſuivre à l'horloge le temps moyen à peu de ſecondes près.

Avant d'entrer dans le détail des obſervations nombreufes auxquelles fe livra M. Chappe dès le moment de fon arrivée, il eſt à propos de dire un mot de l'obfervatoire où il s'établit, & des inſtruments qu'il employa.

On donna pour logement à M. Chappe une grange fort fpacieuſe, qui fervoit à renfermer du maïs. Ce bâtiment fe trouvoit en aſſez belle expofition ; M. Chappe réfolut d'en faire fon obfervatoire. Il fit enlever toute la partie du toit qui regardoit l'eſt, le fud & l'oueſt, & la fit recouvrir avec des toiles qui fe replioient ou s'étendoient à volonté, de forte qu'en un inſtant on pouvoit appercevoir ou cacher telle partie du ciel qu'on jugeoit à propos. Le plancher étoit d'une terre ferme & bien battue.

Les principaux inſtruments deſtinés aux obfervations aſtronomiques étoient, un quart de cercle de trois pieds de rayon, de la conſtruction du fieur Canivet ; un autre petit quart de cercle Anglois d'un pied & demi de rayon ; un inſtrument des paſſages ; une machine parallatique ; une excellente lunette achromatique de dix pieds, & une autre de trois pieds, non moins parfaite, toutes deux du fieur Dollond (la lunette de trois pieds groſſiſſoit un peu moins que l'autre, mais elle étoit un peu plus claire) ; enfin une excellente pendule de M. Berthoud.

Il fallut commencer d'abord par faire conſtruire en maçonnerie trois piédeſtaux pour aſſeoir folidement le quart de cercle de trois pieds, l'inſtrument des paſſages, & la machine parallatique. La pendule fut enfuite fixée contre un bloc ou poteau de cedre parfaitement fec, qu'on avoit apporté de *San-Blas* pour cet ufage. Ce poteau avoit un pied de largeur, fur environ quatre pouces d'épaiſſeur. Après l'avoir enfoncé à deux pieds & demi en terre, & en avoir affermi le pied par un encaiſſement de maçonnerie, on l'aſſura encore par deux arcboutants qui le contenoient de deux côtés, tandis que d'un troifieme il étoit appuyé contre le mur, derriere lequel on avoit élevé un maſſif de briques ; de forte qu'il étoit impoſſible de fixer la pendule plus inébranlablement. Cette pendule étoit en outre enfermée dans une boîte, autour de laquelle on avoit collé du papier pour fermer tout accès au vent & à la pouffiere.

Pour foutenir la lunette de dix pieds, on dreffa une poutre d'environ huit à neuf pouces de diametre. Cette poutre portoit en haut une potence qui tournoit, à frottement doux, autour d'un axe vertical. C'étoit à l'extrémité de cette potence que fe fixoit la lunette, roulant entre deux pivots, de façon qu'on pouvoit la mouvoir avec facilité, foit dans le fens vertical, foit dans le fens horizontal.

Telles furent les difpofitions par lefquelles M. Chappe fe prépara à l'obfervation du paffage de Vénus. Dès le 30 Mai tous fes inftruments furent établis & orientés tels qu'ils devoient fe trouver au moment de l'obfervation du 3 Juin. L'on fait combien il eft effentiel, dans la pratique de l'aftronomie, de ne point attendre au jour même d'une obfervation importante pour s'y préparer. M. Chappe étoit obfervateur trop habile & trop expérimenté pour omettre une feule des précautions qui pouvoient concourir au fuccès de fon opération. »Je » m'étois occupé, dit-il dans un endroit de fon Jour- » nal, pendant ma traverfée de Cadix à Véra-Crux, à » calculer toutes les circonftances du paffage de Vénus » pour S. Jofeph, à combiner toutes les obfervations que » je devois faire, à les diftribuer de façon que l'une ne » nuisît point à l'autre, arrêtant d'avance la place & » la difpofition de chaque inftrument, felon l'opération » à laquelle je le deftinois. Je dreffai en outre une pan- » carte où toutes les circonftances de l'obfervation étoient » expofées dans leur ordre, & je la collai la veille contre » le mur, en face de mes inftruments, afin de pouvoir » me rappeller à chaque inftant ce que j'avois à faire ou » à prévoir ».

La multiplicité d'obfervations qu'offroit à faire le phénomene du paffage de Vénus, avoit d'abord engagé

M. Chappe à se faire aider dans ses opérations par M. Pauly; mais, ayant considéré que des observations de ce
genre, déja délicates par elles - mêmes, devenoient
encore plus difficiles par la position du Soleil, qui devoit se trouver presque au zénith, il résolut de ne s'en
rapporter qu'à lui-même. C'étoit, sans doute, le meilleur
parti : peu d'observations, mais bien faites, & dont on est
sûr, valent infiniment mieux qu'un bien plus grand
nombre, sur lesquelles on pourroit former quelque soupçon, & avoir de l'incertitude. L'on verra d'ailleurs que
M. Chappe, par son activité, a su, pour ainsi dire, se
multiplier; quoique seul observateur, il n'a pas laissé
échapper la moindre circonstance intéressante du passage
de Vénus : & l'on peut regarder son observation comme
une des plus complettes qui aient été faites. M. Chappe
jouissoit encore en ce moment d'une bonne santé. Il ne
tomba malade que huit jours après, c'est à-dire le 11 Juin.
Des accès de fievre qui duroient quelquefois vingt-deux
& vingt-huit heures, interrompirent tous ses travaux
jusqu'au 18 Juin, qu'il observa l'éclipse de Lune. Il sur-
monta sa foiblesse pendant quelques jours, & fit plusieurs
observations jusqu'au 22 Juin. Mais bientôt la maladie
prit un tel accroissement, qu'il fut impossible à M. Chappe
de se livrer au moindre travail jusqu'au 10 Juillet. Je
trouve dans son registre une observation d'émersion du
premier Satellite, faite pendant cet intervalle; mais il
marque au bas qu'il est extrêmement incommodé, & que
sa vue est très fatiguée : aussi n'ai-je fait aucun usage de
cette observation. On la trouvera cependant rapportée
à l'article quatrieme, parmi les observations du même
genre faites à S. Joseph. Depuis le 10 Juillet jusqu'au 19
du même mois, M. Chappe fit encore un grand nombre
d'observations : ce n'est pas qu'il se portât beaucoup mieux
durant ce court intervalle; mais ce zele admirable auquel
il ne survécut que quelques instants, pouvoit encore com-
mander à la nature & la surmonter. Ces derniers efforts
furent

furent bientôt suivis de l'anéantiffement total. Paffé le 19 Juillet, on ne trouve plus la moindre obfervation dans le regiftre de M. Chappe; fon Journal hiftorique fe termine même au 7 de ce mois.

M. Chappe obferva donc à S. Jofeph pendant un intervalle de deux mois. La diverfité, le mêlange, & la grande quantité de fes obfervations, qui vont faire le fujet de cette feconde Partie, m'engagent à déranger un peu l'ordre de fon Journal & des dates, pour le ramener à un arrangement plus fimple & plus concis, en expofant, fous un même coup d'œil, toutes les obfervations du même genre.

Je vais rapporter d'abord les hauteurs correfpondantes prifes à S. Jofeph les différents jours où il a été néceffaire de connoître l'état & la marche de la pendule pour les obfervations particulieres. Ce fera donc au premier Article qu'il faudra avoir recours pour réduire au tems vrai les heures des obfervations rapportées dans les articles fuivants.

Les obfervations qui ont rapport à la vérification des inftruments, feront expofées dans l'Article fecond. Celles qui regardent la détermination de la latitude & de la longitude de S. Jofeph, viendront après. Enfin dans l'Article cinquieme on trouvera les détails les plus circonftanciés de l'obfervation du paffage de Vénus, laquelle, pour être complettement rédigée & calculée, demande la connoiffance des réfultats des obfervations précédentes, qui doivent donc naturellement être rapportées les premieres.

K

ARTICLE PREMIER.

Observations pour établir l'état & la marche de la Pendule.

JE ne rapporte point ici les hauteurs correspondantes prises les 21 & 22 Mai ; elles ne servirent qu'à faire reconnoître qu'il falloit raccourcir le pendule d'environ une ligne un tiers. Les observations intéressantes ne commencerent que le 27 Mai.

Matin. H. M. S.	Haut. du Sol. D. M.	Soir. H. M. S.	Midi conclu. H. M. S.
Le 27 Mai.			
9 31 40	56 50	2 21 54 ¾	11 56 47 ¾
33 51 ¼	57 20	19 42 ¼	46 ¾
36 2	57 50	17 33	47 ½
38 14 ¼	58 20	15 22 ½	48 ¼
40 25	58 50	13 11 ¼	48 ⅛
Midi moyen . . .			11 56 47 ¾
Equation . . .			— 0, 7
Midi vrai . . .			11 56 47 3
Le 28 Mai.			
10 32 38	70 45	1 21 19 ½	11 56 58 ½
35 53 ½	71 30	18 2 ¼	58 ½
40 14	72 30	13 42 ¼	58 ¼
42 25	73 0	11 32 ½	58 ¼
Midi moyen . . .			11 56 58 ½
Equation . . .			— 0, 3
Midi vrai . . .			11 56 58 12
Le 29 Mai.			
9 59 21 ¾	63 5	1 54 57 ¾	11 57 9 ¾
10 1 32	63 35	52 47	9
4 26 ¾	64 15	49 52 ½	9
7 43	65 0	46 37	10
Midi moyen . . .			11 57 9 ¾
Equation . . .			— 0, 4
Midi vrai . . .			11 57 9 21

Matin. H. M. S.	Haut. du Sol. D. M.	Soir. H. M. S.	Midi conclu. H. M. S.
Le premier Juin.			
10 12 26 ½	66 0	1 43 8	11 57 47 ¼
14 37	66 30	40 59	48
16 47	67 0	38 47	47
18 58 ½	67 30	36 36	47
21 10	68 0	34 25	47
25 30 ¼	69 0	30 4	47
27 42	69 30	27 52 ¾	47
29 51 ½	70 0	25 43 ¼	47 ⅛
Midi moyen . . .			11 57 47 ½
Equation . . .			— 0, 3
Midi vrai . . .			11 57 47 12
L'Epi de la Vierge.			
7 48 42	55 30	9 11 16	8 29 59
51 5	55 40	8 50 ¼	57
53 37 ¼	55 50	6 21	59
56 21	56 0	3 40 ½	8 30 0
Passage moyen . . .			8 29 59 ⅓
Le 2 Juin.			
9 39 52 ¼	58 30	2 16 9	11 58 1
42 3 ¾	59 0	13 58	1
46 26	60 0	9 36	1
48 36 ½	60 30	7 25	1
50 47 ½	61 0	5 12	1
52 59	61 30	3 4	1
55 9 ¼	62 0	0 52	1
57 21	62 30	1 58 41	1
59 30 ¾	63 0	56 31	0
Midi moyen . . .			11 58 1 ⅛
Equation . . .			— 0, 4
Midi vrai . . .			11 58 0 43

Suite du 2 Juin. L'Epi de la Vierge.

Matin. H. M. S.	Haut. du Sol. D. M.	Soir. H. M. S.	Midi conclu. H. M. S.
7 28 7	54 5	9 24 7	8 26 7
29 51 ½	54 15	22 22	6 ¼
31 39	54 25	20 34 ½	6 ¼
33 29 ½	54 35	18 44 ¼	6 ¼
35 23	54 45	16 51	7
37 20	54 55	14 54	7
39 22 ¼	55 5	12 52	7 ⅛
41 30	55 15	10 44	7

Passage moyen. . . . 8 26 7

Le 3 Juin.

Matin. H. M. S.	Haut. du Sol. D. M.	Soir. H. M. S.	Midi conclu. H. M. S.
9 42 13 ¾	59 0	2 14 17 ½	11 58 15
46 36 ¼	60 0	9 54	15
48 47	60 30	7 44 ¼	15
10 17 8 ½	67 0	1 39 22	15
19 19	67 30	37 11 ½	15
21 30 ½	68 0	35 0	15
23 40 ¼	68 30	32 50 ½	15

Midi moyen. . . . . . 11 58 15 ¾
Equation. . . . . . — 0, 4

Midi vrai. 11 58 14 58

Le 4 Juin.

Matin. H. M. S.	Haut. du Sol. D. M.	Soir. H. M. S.	Midi conclu. H. M. S.
9 40 14	58 30	2 16 46 ½	11 58 30
42 24 ½	59 0	14 35	30
44 36 ¼	59 30	12 24	30
46 47	60 0	10 13	30
48 58	60 30	8 2	30
51 9 ½	61 0	5 51	30
53 20 ½	61 30	3 40	30
55 31 ½	62 0	1 29	30
57 42	62 30	1 59 18	30
59 53	63 0	57 8 ¼	30

Midi moyen. . . . . . 11 58 30 ⅜
Equation. . . . . . — 0, 3

Midi vrai 11 58 30 4

Le 5 Juin.

Matin. H. M. S.	Haut. du Sol. D. M.	Soir. H. M. S.	Midi conclu. H. M. S.
9 38 14	58 0	2 19 17 ½	11 58 45 ¼
40 24 ½	58 30	17 5	45
42 36 ½	59 0	14 55	45 ¼
49 9 ½	60 30	8 21	45
51 20 ¼	61 0	6 10	45
53 31	61 30	3 59	45 ¼

Midi moyen. . . . . . 11 58 45 ⅛
Equation. . . . . . — 0, 4

Midi vrai. 11 58 44 58

Le 8 Juin.

Matin. H. M. S.	Haut. du Sol. D. M.	Soir. H. M. S.	Midi conclu. H. M. S.
9 43 12 ½	59 0	2 15 54 ¼	11 59 33
45 24 ½	59 30	13 43	34
47 35	60 0	11 32	33
49 46	60 30	9 21	33
51 57	61 0	7 10 ¼	33
54 18 ½	61 30	4 59	33
56 19 ½	62 0	2 47 ½	33
58 30 ¾	62 30	2 0 37	34

Midi moyen. . . . . . 11 59 33 ⅛
Equation. . . . . . — 0, 2

Midi vrai. 11 59 33 25

Le 21 Juin.

Matin. H. M. S.	Haut. du Sol. D. M.	Soir. H. M. S.	Midi conclu. H. M. S.
10 50 15	73 30	1 16 37	0 3 26
52 25 ¼	74 0	14 25	25 ⅛
54 37 ½	74 30	12 14 ¼	26
58 59	75 30	7 52 ½	25 ¾

Midi moyen. . . . . . 0 3 25 ½
Equation. 0, 0

Midi vrai 0 3 25 30

Le 22 Juin.

Matin. H. M. S.	Haut. du Sol. D. M.	Soir. H. M. S.	Midi conclu. H. M. S.
9 58 4	61 30	2 9 24 ¼	0 3 44 ¾
10 0 16	62 0	7 12	44
2 27 ¼	62 30	5 1 ½	44
4 40	63 0	2 49 ½	44 ¾
9 1 ½	64 0	1 58 26 ½	44
11 13 ½	64 30	56 13 ¼	44 ⅛

Midi moyen. . . . . . 0 3 44 ⅜
Equation. 0, 0

Midi vrai. 0 3 44 22

Le 7 Juillet.

Matin. H. M. S.	Haut. du Sol. D. M.	Soir. H. M. S.	Midi conclu. H. M. S.
9 14 41	50 30	3 1 26	0 8 3 ¼
16 50	51 0	2 59 14 ½	2 ¼
19 5	51 30	57 3	4
21 16	52 0	54 52	4

Midi moyen. . . . . . 0 8 3 ¼
Equation. . . . . . + 0, 6

Midi vrai. 0 8 3 51

Matin.	Haut. du Sol.	Soir.	Midi conclu.
H. M. S.	D. M.	H. M. S.	H. M. S.

Le 9 Juillet.

Matin.	Haut. du Sol.	Soir.	Midi conclu.
9 52 36 ¼	59 0	2 24 33 ½	0 8 35
56 57 ½	60 0	20 13 ½	35 ½
59 9 ½	60 30	18 1 ½	35 ½
Midi moyen.			0 8 35 ¼
Equation.			+ 0, 4
Midi vrai.			0 8 35 39

Le 13 Juillet.

Matin.	Haut. du Sol.	Soir.	Midi conclu.
9 53 51 ¼	59 0	2 25 7	0 9 29
56 1 ½	59 30	22 56 ¼	28
58 13 ¼	60 0	20 45	29
10 0 24	60 30	18 34 ½	29
2 34 ¼	61 0	16 24	29
4 45	61 30	14 12 ½	28
Midi moyen.			0 9 28 ¾
Equation.			+ 0, 5
Midi vrai.			0 9 29 15

Le 14 Juillet.

Matin.	Haut. du Sol.	Soir.	Midi conclu.
9 49 50	59 0	2 29 35	0 9 42
52 1	58 30	27 24 ½	42
54 12	59 0	25 13 ½	42
56 21	59 30	23 3	42
58 33	60 0	20 51 ½	42
0 43	60 30	18 41 ½	42
2 54	61 0	16 31	42
Midi moyen.			0 9 42 ⅜
Equation.			+ 0, 6
Midi vrai.			0 9 42 58

Le 15 Juillet.

Matin.	Haut. du Sol.	Soir.	Midi conclu.
9 39 14	55 30	2 40 34	0 9 54
41 25	56 0	38 23 ¼	54 ⅛
43 35	56 30	36 12 ½	53 ¾
45 47	57 0	34 2	54 ½
47 58	57 30	31 50 ½	54 ¼
50 9	58 0	29 41	55
Midi moyen.			0 9 54 ½
Equation.			+ 0, 6
Midi vrai.			0 9 55 6

Le 16 Juillet.

Matin.	Haut. du Sol.	Soir.	Midi conclu.
9 48 17 ½	57 30	2 31 55	0 10 6
50 26 ½	58 0	29 44 ½	5
52 38 ½	58 30	27 34 ½	6
54 47 ½	59 0	25 23 ½	5
57 1 ½	59 30	23 13	7
59 10	60 0	21 1 ½	5
Midi moyen.			0 10 6 ½
Equation.			+ 0, 7
Midi vrai.			0 10 7 12

Le 17 Juillet.

Matin.	Haut. du Sol.	Soir.	Midi conclu.
9 33 19	54 0	2 47 14 ½	0 10 16
35 30 ½	54 30	45 3	16
37 41	55 0	42 52 ½	16
39 52	55 30	40 42	17
42 2	56 0	38 32	17
44 12	56 30	36 18 ½	15 ¼
Midi moyen.			0 10 16 ¼
Equation			+ 0, 9
Midi vrai.			0 10 17 9

Parmi les hauteurs correſpondantes précédentes, celles du 7, du 9 & du 14 Juillet ont été priſes par M. Pauly. M. Chappe, ayant été attaqué de la maladie contagieuſe dès le 11 Juin, ſe trouva ces jours-là hors d'état d'obſerver.

D'après ces obſervations on a la Table ſuivante, qui préſente ſous un ſeul coup d'œil la marche de la pendule durant tout le temps que M. Chappe a obſervé à San-Joſeph, & indique la correction que l'on doit faire aux obſervations que nous allons rapporter dans les Articles ſuivants, pour les réduire au temps vrai.

Jours.	Midi vrai à la pendule.				Retard de la pendule ſur le temps vrai.			Jours.	Midi vrai à la pendule.				Avance de la pendule ſur le temps vrai.		
Mai.	H.	M.	S.	T.	M.	S.	T.	Juin.	H.	M.	S.	T.	M.	S.	T.
27	11	56	47	3	3	12	57	21	0	3	25	30	3	25	30
28	11	56	58	8	3	1	52	22	0	3	44	22	3	44	22
29	11	57	9	21	2	50	39	Juillet.							
Juin.								7	0	8	3	51	8	3	51
1	11	57	47	12	2	12	48	9	0	8	35	39	8	35	39
2	11	58	0	43	1	59	17	13	0	9	29	15	9	29	15
3	11	58	14	58	1	45	2	14	0	9	42	58	9	42	58
4	11	58	30	4	1	29	56	15	0	9	55	6	9	55	6
5	11	58	44	58	1	15	2	16	0	10	7	12	10	7	12
8	11	59	33	25	0	26	35	17	0	10	17	9	10	17	9

ARTICLE II.

Vérification des Instruments.

Le quart de cercle de trois pieds de rayon, & la petite lunette achromatique de 3 pieds, montée sur une machine parallatique, furent les instruments dont M. Chappe fit le plus fréquent usage. Il est donc important de constater ici leur état. Je vais rapporter toutes les observations que j'ai trouvées dans le registre original, relatives à la vérification de ces instruments.

Fig. 3. Le champ de la lunette du quart de cercle étoit garni de trois fils fixes H R, F I, C D, & d'un curseur ou fil mobile MO.

part.

M. Chappe trouva l'épaisseur du fil mobile MO de 3, 1
L'épaisseur du fil fixe. . F I de 3, 1
L'épaisseur du fil fixe. . C D de 7, 0

Le 28 Mai au matin, la distance depuis le milieu du fil F I jusqu'au bord le plus prochain du fil CD fut trouvée de 560 parties. Le soir ayant été mesurée de nouveau, elle ne fut trouvée que de 554.$^{part.}$, 5 $\frac{1}{2}$. C'est cette derniere détermination que M. Chappe désigne être la plus exacte.

Le 28 Mai, à cinq heures & demie du soir, un des bords du Soleil rasant le bord supérieur du fil CD, on fit mouvoir le curseur MO jusqu'à ce que le milieu de ce fil touchât l'autre bord du Soleil, & l'on trouva la distance du milieu du fil F I au milieu du fil MO, de 239 parties.

Le 29 Mai, à onze heures du matin, la distance du milieu du fil F I au milieu du fil MO, fut mesurée de 240$^{part.}$, 2 $\frac{1}{2}$.

Il résulte de la premiere de ces observations, que 793$^{\text{part.}}$, 6 du micrometre répondoient à 31' 27" 36''', diametre vertical apparent du Soleil ; & dans l'observation du 29 Mai, 794$^{\text{part.}}$, 8 du micrometre répondoient à 31' 35" 5'''. D'où l'on conclut que

100 parties du micrometre valent   0° 3' 58" 7'''
 10 .   .   .   0 0 23 48,7
  1 .   .   .   0 0 2 22,9

Parties du micrometre du quart de cercle.

Le 7 Juin M. Chappe démonta la lunette de son quart de cercle, pour mesurer l'épaisseur de l'objectif qu'il trouva de 4^{lignes}, 4, & la distance de sa surface extérieure au bout du tuyau, de 22$^{\text{lign.}}$, 2. La position des oculaires ayant été dérangée dans cette opération, il étoit à propos de vérifier de nouveau les parties du micrometre.

En conséquence, le 9 Juin, vers trois heures & demie après midi, la distance du milieu du fil FI au milieu du fil MO fut mesurée & trouvée de 184$^{\text{part.}}$, 4, & celle depuis le milieu du fil FI jusqu'au bord le plus prochain du fil CD fut trouvée très exactement de 561, 9 ; ce qui donne le diametre du Soleil de 746$^{\text{part.}}$, 3 du micrometre. Or le diametre vertical apparent du Soleil étoit alors de 31' 32" 4'''. D'où l'on conclut que

100 parties du micrometre valent 4' 13" 38'''
 10 .   .   .   .   0 25 22
  1 .   .   .   .   0 2 32,2

C'est cette nouvelle détermination dont il faut se servir pour toutes les observations qui ont été faites à San-Joseph, passé le 7 Juin.

Je n'omettrai point ici une remarque que fit M. Chappe. Lorsqu'il mesuroit la distance des fils FI & CD, en faisant mouvoir le curseur de FI vers CD, il ne la trouvoit pas la même que lorsqu'il faisoit mouvoir ce même curseur en remontant de CD vers FI. Cette différence sans doute doit être attribuée à la tension du ressort qui n'est point tout-à-fait la même ; soit que le curseur remonte, soit qu'il descende. De plus, on a encore cet inconvénient dans tous les micrometres ; savoir , que le ressort étant plus tendu à mesure que le curseur le presse en descendant, tous les tours du micrometre ne doivent point être d'une valeur égale, ni proportionnelle entre eux ; de sorte qu'il seroit à souhaiter , pour une plus grande exactitude, que l'Observateur eût attention de vérifier pour chaque centaine de parties du micrometre, ou pour chaque tour du cadran, le nombre de minutes & de secondes correspondantes : ce qui peut se faire très facilement par le moyen des mires placées sur le terrein ; méthode la plus exacte sans doute pour la vérification du micrometre. Si M. Chappe ne l'employa pas à San-Joseph , c'est qu'il n'en eut point le loisir dans l'intervalle de ses observations ; mais on voit par une note qu'il met dans son registre, qu'il se proposoit d'y avoir recours avant de terminer toutes ses opérations, que sa maladie & sa mort ont si malheureusement interrompues.

Après avoir donné la vérification du micrometre, il faut passer à celle de la position de la lunette.

M. Chappe ayant disposé son quart de cercle dans le plan du méridien , & tournant le limbe de l'instrument tantôt du côté de l'Orient , tantôt du côté de l'Occident, prit à différentes fois les hauteurs méridiennes suivantes.

Erreur du quart de cercle à l'égard des hauteurs.

Hauteur méridienne de β d'Hercule.

Le   7 Juin   89°   0′ —   42^{part.} Le limbe vers l'Or.
    8   91   0 + 105, 5 ⎫
    9   91   0 + 108, 8 ⎬ Le limbe vers l'Occ.
  10   91   0 + 113, 8 ⎭

Hauteur méridienne d'Arcturus.

                    part.
Le   7 Juin   87° 30′ — 196, 5 ½ ⎫
  15 Juillet 87   30 — 200, 7   ⎬ Le limbe vers l'Or.
  17   87   30 — 201, 6   ⎭

Hauteur

Hauteur méridienne d'Arcturus.

Le 8 Juin   92° 30′ + 266,
  11 Juillet 92   30 + 265, 4 } Le limbe vers l'Occid.
  13   92   30 + 267, 8
  14   92   30 + 267,

Prenant un milieu entre ces résultats, on a

Haut. mérid. } 87° 30′ — 199ᵖᵃʳᵗ· le limbe vers l'Or.
d'Arcturus   } 92   30 + 266, 6 le limbe vers l'Occid.

Somme. . . . 180   0 + 67, 6
Moit. de l'excès. .   33   8
Réduite.   1   25″ erreur de l'inſtrument.

On a pareillement

Haut. mérid. { 89° 0′ — 42ᵖᵃʳᵗ· le limbe vers l'Or.
de β d'Hercule{ 91   0 + 109, 3 le limbe vers l'Occid.

         180 0 + 67 3
Moitié de l'excès. . . .   33   6 ½
Réduite   1   25″ ⅓ erreur de l'inſtrum.

L'accord parfait de ces deux réſultats ne doit laiſſer aucun doute ſur la vérification de la poſition de la lunette du quart de cercle, dont on peut fixer très exactement l'erreur à la quantité 1′ 25″ ½ dont cet inſtrument donne les hauteurs trop grandes.

La lunette achromatique de trois pieds ayant été deſtinée à l'obſervation des différences d'aſcenſion droite & de déclinaiſon entre Vénus & le Soleil, pendant le paſſage, M. Chappe détermina avec le plus grand ſoin la valeur des parties du micrometre adapté à cette lunette, par les meſures ſuivantes des diametres du Soleil.

Parties du micrometre de la lunette achromatiq. de 3 pieds.

L

	Part. du micr.	Diam. vertical app. du Soleil.
2 Juin à 9 h. 15′ du matin.	843,8	31′ 33″ 53‴
3　à 8　25	842,5	31 33 17
3　à 3　42 du soir.	843,4	31 33 15

D'après la derniere détermination, que M. Chappe désigne comme la plus exacte, il résulte que

100 parties du micrometre valent	3′ 44″ 2‴
10	0 22 24, 2
1	0 2 14, 4

Pendant son séjour à Cadix, M. Chappe, ayant mesuré une base sur le glacis de la ville, avoit fait la vérification du même micrometre, & avoit trouvé que 100 part. répondoient à 3′ 48″ 3‴. Quoique cette méthode de vérification, par la mesure d'une base, soit la plus exacte, je crois néanmoins que l'on doit donner la préférence à la vérification qui a été faite presque en même temps que l'observation du passage de Vénus, & qui par-là ne laisse point soupçonner qu'il y ait eu le moindre dérangement dans la position des oculaires & la longueur de la lunette.

ARTICLE III.

Détermination de la latitude de San-Joseph.

Nous avons rapporté dans l'article précédent les hauteurs méridiennes d'Arcturus & de β d'Hercule, observées à différentes fois pour la vérification du quart de cercle. Ces mêmes observations font les meilleures que l'on puisse employer à déterminer la latitude de San-Joseph, en faisant les calculs suivants.

Hauteur méridienne d'Arcturus.

Observée 87° 30′ — 199 part. Réduite 87° 21′ 35″ $\frac{1}{4}$
Quantité dont hausse la lunette du quart
  de cercle . . . — 1 25 $\frac{1}{2}$
Réfraction . . . . — 0 2 $\frac{3}{4}$

Hauteur vraie . . . 87 20 7
On trouve par le calcul la déclinaison vraie d'Arcturus vers le 15 Juillet 1769, de 20° 24′ 4″ $\frac{1}{2}$ boréal.
        Aberration + 9
        Nutation — 5

Déclinaison apparente d'Arcturus 20 24 8 $\frac{1}{2}$
Hauteur vraie . . 87 20 7

Donc, hauteur de l'équateur . 66 55 58 $\frac{1}{2}$
Latitude de San-Joseph . . 23 4 1 $\frac{1}{2}$

Si l'on calcule de même par β d'Hercule, on a sa hauteur observée réduite de . . 88° 58′ 13″ $\frac{1}{2}$
  Hauteur vraie . . 88 56 47 $\frac{1}{6}$
  Déclinaison apparente . . 22 0 21 $\frac{1}{4}$
  D'où l'on conclut la latitude de
S. Joseph de . . . 23 3 34 $\frac{1}{2}$

Je trouve encore dans le regiſtre de M. Chappe une obſervation faite le 13 Juillet de la hauteur méridienne d'Antarès qu'il trouva de 41° 0′ + 124$^{\text{part.}}$, 2 c'eſt-à-dire de 41° 5′ 15″, qui, en faiſant les corrections convenables, ſe réduiſent à 41° 2′ 42″, hauteur vraie d'Antarès. Je ſuppoſe la déclinaiſon apparente de cette étoile de 25° 54′ 5″ ½ auſtrale. J'ai donc par cette obſervation d'Antarès la latitude de San-Joſeph de 23° 3′ 12″ ⅔.

Prenant un milieu entre ces trois réſultats, on aura la latitude de San-Joſeph en Californie de 23° 3′ 36″ ½.

On peut encore déduire cette latitude d'un grand nombre de hauteurs méridiennes du Soleil obſervées à San-Joſeph, telles que je les rapporte dans la Table ſuivante, en y joignant les réſultats.

Jours du mois.	Hauteur méridienne du Soleil obſervée.			Latitude de San-Joſeph.		
Juillet.	D.	M.		D.	M.	S.
12	90	55	+ 8 bord ſup.	23	3	15
13	90	55	+ 220	23	3	25
14	91	5	+ 196 ½	23	3	15
15	89	5	— 589, 3 bord inférieur.	23	3	11
16	88	30	— 7, 3	23	3	40
17	88	30	— 250, 2	23	2	39
18	88	10	— 32, 2	23	3	49
19	88	10	— 283, 9	23	2	50
Latitude moyenne.				23	3	5

Il paroît donc que l'on peut établir très exactement cette latitude de 23° 3′ 20″.

ARTICLE IV.

Observations pour établir la longitude de San-Joseph.

Jours.	Temps observé.			Jours.	Temps vrai.			
Mai.	H.	M.	S.	Mai.	H.	M.	S.	
28	2	34	18 }	27	14	37	24	Emersion du second Satellite. Ciel parfaitement serein.
	2	37	0 } Matin.		14	40	6	Emersion du troisieme.
		39	0 }			42	6	Le second paroît avoir recouvré toute sa lumiere.
		43	0 }			46	6	Le troisieme paroît avoir recouvré toute sa lumiere.
	11	29	3 } Soir.	28	11	31	59	Emersion du premier Satellite. Lunette de trois pieds.
		33	0 }			35	56	Il a recouvré sa lumiere.
Juin.				Juin.				
5	1	31	9 Matin.	4	13	32	21	Emersion du premier Satellite. Lunette de 10 pieds. Vapeurs légeres qui cachent Jupiter d'instant à autre, ce qui rend cette observation douteuse.
6	7	53	3 Soir.	6	7	53	58	Emersion du premier Satellite. Lunette de 10 pieds. Jupiter parfaitement terminé. Observation parfaite.
20	11	44	12 Soir.	20	11	40	57	Emersion du premier Satellite. Jupiter dans les vapeurs, avant l'observation, s'est éclairci de plus en plus. On voyoit alors parfaitement les bandes & le disque bien terminé. Bonne observation, ayant bien saisi l'instant où il est sorti.
21	11	35	49 Soir.	21	11	32	14	Emersion du second Satellite. Il y a quelques vapeurs. Cependant on voit très bien les bandes, & le disque est assez bien terminé.
29	8	8	52 Soir.	29	8	2	52	Emersion du premier Satellite. Lunette de trois pieds. Beau temps. J'ai la vue fatiguée par les veilles & la maladie.
Juillet.				Juillet.				
14	0	1	25 Matin.	13	11	51	49	Emersion du premier Satellite. Jupiter bas ne paroît pas bien terminé. La Lune est sur l'horizon. Le temps d'ailleurs est beau.
16	8	39	55 Soir.	16	8	29	45	Emersion du second Satellite. Lunette de 10 pieds. Très beau temps. Jupiter bien terminé. On voit parfaitement les bandes.

Pour employer ces observations à la détermination de la longitude de San-Joseph, nous ferons les remarques suivantes.

Parmi les observations que nous venons de rapporter, celles des 27 & 28 Mai, des 6 & 20 Juin, & celle du 16 Juillet, paroissent avoir été les mieux faites & accompagnées des circonstances les plus favorables. En conséquence je les ai calculées avec le plus grand soin par les tables de M. Wargentin, & j'ai trouvé :

Emersion des Satellites pour Paris.

Temps vrai.

Second.	. .	27 Mai	22^h	7′	4″
Premier.	. .	28	19	0	6
Premier	. .	6 Juin	15	22	17
Premier	. .	20	19	9	17
Second	. .	16 Juil.	15	59	22

Avant de faire la comparaison de ces résultats des tables avec les observations de M. Chappe, il faut avoir égard à l'erreur de ces tables & à l'effet des lunettes. En conséquence j'ai calculé deux observations faites vers ce même temps à l'Observatoire Royal de Paris, par M. Maraldi.

Emersion des Satellites.

		Observé.		Calculé.		Erreur des tables.
Premier.	. 8 Juin	9^h 51′ 9″		9^h 50′ 40″		— 29″
Second.	. 24 Mai	8 50 30		8 50 41		+ 11

La lunette avec laquelle M. Maraldi a fait ces observations est une lunette de 15 pieds, garnie d'un excellent verre de Campani. J'ai cherché dans les registres de l'Observatoire pour voir si M. Chappe, avant son départ, n'auroit point fait quelque comparaison de ses lunettes avec celle de M. Maraldi ; je n'en ai trouvé qu'une.

Emerſion du premier Satellite, le 26 Mars 1768.

9ʰ 42′ 50″ M. Maraldi ; lunette de 15 pieds.
9   43   3 M. Chappe ; lunette achrom. de 10 pieds.
9   42 46 M. Caſſini ; lunette achrom. de 3 pieds.

D'après cette épreuve, je ſuppoſerai la différence entre la lunette de 10 pieds de M. Chappe & celle de M. de Maraldi, de 13″, dont celle de M. Chappe fait voir plus tard les immerſions & plutôt les émerſions. Quant à l'autre lunette de 3 pieds, cette différence paroît n'être que de 4″, dont celle de 3 pieds fait voir plutôt les immerſions, que celle de M. de Maraldi (1).

Je calcule donc ainſi la longitude de San-Joſeph.

Emerſion du premier Satellite,
   calculée pour Paris. . . 6 Juin 15ʰ 22′ 17″
Erreur des tables. . . . .   + 29
Effet de la lunette de 10 pieds
   ſur celle de M. de Maraldi   — 13

Emerſion telle qu'elle eût été
   obſervée à Paris avec la lu-
   nette de 10 pieds. . . . . 6 Juin 15ʰ 22′ 33″
Obſervée à San-Joſeph avec la
   lunette de 10 pieds. . . . 6   7ʰ 53′ 58

Différence des méridiens entre
   Paris & San-Joſeph. . .   7ʰ 28′ 35″

---

(1) Je ne prétends pas donner ici, comme très exacte, cette comparaiſon entre les lunettes d'après une ſeule épreuve ; mais pour approcher du vrai, on ne doit rien négliger, on profite des plus petites connoiſſances. Si les inſtruments de M. Chappe euſſent été rapportés en France, on eût pu faire à loiſir ces comparaiſons & vérifications ; encore n'euſſent-elles pas été complettes, n'étant pas faites par M. Chappe lui-même. La vue de l'Obſervateur, ſa manière propre d'obſerver & d'eſtimer, influent plus qu'on ne penſe dans les obſervations.

On la trouvera de même par
l'émersion du premier Satel-
lite du 28 Mai, de .   .   .　　　7 28 40
Et par celle du 20 Juin, de .　　7 28 36
Par l'émersion du second Satel-
lite du 27 Mai, de. .   .   .　　7 28 33
Par celle du 16 Juillet, de .   .　7 29 13
____
Longitude moyenne .   .   .　　7 28 53

MM. Doz & Médina ont déduit cette même longitude de leurs obfervations, & l'ont trouvée de 7 heures
28′ 17″.

La méthode de déterminer les longitudes géographiques par l'obfervation des Satellites de Jupiter eft fans
doute la plus fimple, la plus commode, & même une des
plus exactes du côté de la théorie. Mais la pratique nous
apprend que l'on n'en obtient pas toujours l'extrême précifion que l'on croiroit d'abord être en droit d'attendre.
A moins d'avoir obfervé dans un lieu un nombre fuffifant,
tant d'immerfions que d'émerfions d'un même Satellite,
que l'on puiffe comparer aux femblables obfervations
faites dans un endroit bien déterminé, dans des circonftances à-peu-près femblables, avec des lunettes dont
on connoiffe bien les différences & l'effet, on ne doit
pas, je crois, fe flatter de pouvoir déterminer la longitude plus exactement qu'à 20 ou 30″ de temps près.

Quant à la longitude de San-Jofeph que je viens de
déterminer, d'après cinq émerfions tant du premier que
du fecond Satellite, obfervées par M. Chappe, quoique
quatre de ces obfervations ne différent entre elles que de
7″, je crois néanmoins devoir donner plus de confiance à
la longitude déduite directement de l'obfervation du
paffage de Vénus fur le Soleil, & que l'on trouve de
7 heures 28′ 6″, je crois pouvoir la fixer à 7ʰ 28′ 10″ en degrés 112° 2′ 30″.

Au

Au reste, pour ne rien laisser à desirer sur cette matiere, & renfermer dans cet article tout ce qui peut avoir rapport au même objet, je vais rapporter ici l'observation de l'éclipse de Lune du 18 Juin 1769 que M. Chappe a faite à San-Joseph quelque temps avant que de mourir.

Je la transcris ici telle que je la trouve dans le registre original, écrite de la main de M. Chappe, & accompagnée des plus grands détails.

Il faut supposer l'avance de la pendule sur le temps vrai de 2′ 27″ $\frac{3}{4}$ au commencement de l'éclipse, & de 2′ 41″ à la fin.

*Eclipse de **Lune** du 18 Juin 1769.*

Temps observé. Heure de la pendule.			Temps beau & serein.
10ʰ	45′	0″	On apperçoit à la vue que la Lune entre dans la pénombre ; mais dans la lunette on n'apperçoit aucun changement.
11	8	0	L'éclipse est commencée, je crois, d'une minute. L'ombre est si claire, & la Lune si bien terminée, que je pense avoir estimé ce commencement trop tard. La lunette de trois pieds dont je me sers ne fait cependant l'effet que d'une lunette de 8 pieds à-peu-près.
11	11	41	*Grimaldus* entre.
	13	22	entré.
11	17	21	*Mare humorum* entre.
11	18	35	*Galileus* entre.
	19	27	entré.
11	19	43	*Gassendus* entre.
	21	20	entré.
11	27	25	*Keplerus* entre.
	28	1	entré.
11	30	41	*Aristarchus* entre.
11	31	30	*Tycho* entre.

M

11h 32' 1" *Aristarchus* entré.
11 32 46 *Tycho* à moitié entré.
   33 32 *Tycho* totalement entré.
11 36 45 *Copernicus* entre.
   38 30 A moitié entré.
   39 44 Totalement entré.
11 56 33 *Manilius* entre.
11 57 30 *Dionifius* entre.
11 57 50 *Manilius* entré.
11 58 7 *Dionifius* entré.
12 1 43 *Menelaüs* entre.
   2 18 entré.
12 7 23 *Plato* entre.
   9 42 entré.
12 14 58 *Eudoxius* entre. } Très exacte.
   16 1 entré. }
12 17 30 *Aristoteles* entre.
12 19 1 *Mare crisium* entre.
   24 56 entré.
   33 10 *Tymocharis* entre. } Douteuse.
   35 8 entré. }

On voit une demi-douzaine de petites étoiles de la huitieme grandeur, proche de la Lune.

12 40 47 Le bord de la Lune dans la pénombre : on voit à la vue, ainsi que dans la lunette, le fegment de la Lune qui n'eft pas éclipfé.

12 48 0 Le bord de la Lune n'eft pas encore dans l'ombre.

12 54 0 Le bord de la Lune s'obfcurcit un peu plus ; mais décidément la Lune n'eft pas encore éclipfée, & il paroît que l'éclipfe ne fera pas totale.

13 1 0 Le bord de la Lune dans le même état. Le fegment éclairé tourne vers *Aristoteles* ; de forte que des parties éclipfées fortent de l'ombre.

13ʰ 5′ 0″ La partie éclairée augmente.

13 10 0 La partie éclairée vis-à-vis d'*Harpalus*. Le bord éclairé paroît plus brillant. On distingue *Harpalus* dans la pénombre.

13 15 30 Le segment éclairé, toujours vis-à-vis d'*Harpalus*, Le bord de la Lune est aussi bien terminé & aussi clair que hors des éclipses.

13 20 7 *Harpalus* entiérement sorti.

13 27 58 *Plato* sort.

   29 17   sorti. } Très exacte.

13 31 36 *Aristarchus* sort.

   32 13   sorti.

13 35 31 *Galileus* commence à sortir.

13 38 0 *Grimaldus* & *Tymocharis* commencent à sortir.

   39 58 *Grimaldus* sorti.

13 40 47 *Eudoxus* sorti.

13 41 24 *Tymocharis* sorti.

13 43 8 *Kepler* sort. Douteuse.

   48 20 *Copernic* sort.

   50 51   sorti.

14 0 36 *Manilius* sort.

    1 31   sorti. } Douteuse.

14 3 10 *Menelaüs* sort.

    4 1   sorti.

14 11 37 *Dionisius* sort.

   11 54   sorti.

14 13 20 *Tycho* sort.

   15 25   sorti. } Très exacte.

14 21 41 *Mare crisium* sort.

14 40 36 Le bord de la Lune commence à s'éclaircir.

14 41 20 Fin de l'éclipse.

14 42 17 Le bord dans la pénombre.

14 46 0 Le bord presque aussi clair & aussi bien terminé que le restant du disque, avec cette différence, qu'il devient d'une couleur tirant sur le jonquille lorsqu'il est vers le bord de

M ij

la lunette, au lieu que le reste du disque est bleu, ce qui est une preuve qu'il y a encore de la pénombre qu'on voit à la vue sur la Lune.

14ʰ 48′ 0″ Le bord de la Lune parfaitement terminé; mais il paroît encore barbouillé à la vue.

L'éclipse n'a pas été décidément totale; elle ne m'a paru que de onze doigts $\frac{8}{10}$.

M. Chappe se trouva d'une si grande foiblesse après cette observation, qu'il ne put observer la Lune à son passage au méridien.

La présente éclipse n'ayant été observée dans aucun endroit connu (du moins n'en ai-je aucune connoissance), nous ne pouvons la comparer qu'au calcul qui en fixe le commencement à Paris le 18 Juin. . . . 18ʰ 34′ 29″

Observée à San-Joseph . . . . . . 11 5 22.

Différence des méridiens de San-
   Joseph & de Paris. . . . . . 7ʰ 29′ 7″

Fin de l'éclipse calculée pour Paris. 22ʰ 8′ 19″
Observée à San-Joseph. . . . . 14 38 39.

Différence des méridiens de San-
   Joseph & de Paris . . . . . . 7ʰ 29′ 40″

ARTICLE V.

Observation du passage de Vénus sur le disque du Soleil.

L'IMPORTANCE de cette observation avoit fait prendre à M. Chappe toutes les précautions possibles, non seulement pour y apporter de sa part l'attention, la précision & l'adresse dont il étoit capable, mais encore pour n'être point trompé & n'avoir aucun soupçon d'incertitude dans les opérations qu'il avoit été obligé de confier à d'autres, ne pouvant absolument tout faire par lui-même. Son domestique, fort habitué à compter, étoit à la pendule. M. Pauly se tenoit à côté de lui, suivoit la seconde, nommoit les minutes, & étoit chargé d'écrire. Non content de l'attention de ces deux personnes, M. Chappe plusieurs fois alla par lui-même vérifier la minute, principalement au premier & au second contact. M. Dubois, l'Horloger, étoit occupé à tourner la vis de la machine parallatique, & à aider M. Chappe dans la manutention des instruments.

Pendant toute la matinée M. Chappe avoit eu la précaution de n'observer que de l'œil gauche, & de couvrir l'autre, le réservant pour l'observation la plus essentielle, celle du second contact.

En rapportant ici l'observation du passage de Vénus, je crois ne pouvoir mieux faire que de transcrire scrupuleusement, & presque mot à mot, ce que j'ai trouvé dans le registre original, avec les notes & explications que M. Chappe lui-même a ajoutées.

Temps observé à la pendule.	Temps vrai.
2 Juin.	
23ʰ 57′ 32″	23ʰ 59′ 17″ 2‴
3 Juin.	
0 3 30	0 5 15 0

Premier contact, à la lunette achromatique de 3 pieds, montée sur une machine parallatique.

J'apperçois Vénus faisant une petite échancrure sur le bord du Soleil parfaitement terminé. Je ne crois pas que cette premiere phase s'écarte beaucoup de la véritable, parceque l'échancrure étoit très petite.

Entrée du centre, estimée.

Je fus très attentif à examiner si je verrois Vénus hors du Soleil, avec le croissant qui a été vu dans le passage de 1761 ; mais je ne l'apperçus pas. Je remarquai seulement que vers le milieu de l'entrée de cette planete on distinguoit une partie du disque de Vénus proche du disque du Soleil, tel qu'on le voit dans la figure premiere, planche troisieme. Les deux cornes A & B, ou continuation du disque de Vénus, sembloient à la vérité annoncer le commencement du croissant, que je n'aurai peut-être pas

Temps observé à la pendule.	Temps vrai.
3 Juin.	
$0^h\,15'\,42''$	$0^h\,17'\,26''\,52'''\,\frac{1}{2}$

apperçu à cause que ma lunette grossissoit beaucoup, & étoit par conséquent moins claire.

Second contact.

A l'entrée totale de Vénus j'observai très distinctement le second phénomene qui avoit été remarqué par la plus grande partie des Astronomes en 1761. Le bord du disque de Vénus s'alongea (*voy. figure 2*) comme s'il étoit attiré par le bord du Soleil.

Je n'observai point pour l'instant de l'entrée totale, celui où le bord de Vénus commençoit à s'alonger ; mais ne pouvant pas douter que ce point noir ne fît partie du corps opaque de Vénus, j'observai le moment où il étoit à sa fin ; de façon que l'entrée totale ne peut être arrivée plutôt, mais peut-être plus tard de deux ou trois secondes. Le point noir étoit un peu moins obscur que le reste de Vénus. Je crois que c'est le même phénomene que celui que j'observai à Tobolsk en 1761.

Temps obſervé à la pendule.	Temps vrai.	
3 Juin.		
5ʰ 53′ 9″	5ʰ 54′ 50″ 18‴ $\frac{2}{3}$	*Premier contact à la for-tie*, avec la lunette de dix pieds.
		Le Soleil étoit ondoyant ainſi que Vénus, ce qui rendoit cette obſervation très difficile. A ce premier contact Vénus s'eſt alon-gée plus conſidérablement que le matin, en s'appro-chant tout-à-coup du bord du Soleil.
6 2 16	6 3 57 12 $\frac{1}{3}$	*Sortie du centre*, eſtimée très exactement à ce qu'il m'a paru.
6 11 38	6 13 19 7 $\frac{1}{2}$	*Second contact*, ou *for-tie totale*. Elle ne me pa-roît pas être arrivée plutôt, peut-être 4″ plus tard, mais je n'en ſuis pas certain.

Pour obſerver avec toute la préciſion poſſible les deux contacts à la ſortie, je diſpoſai ma lunette de façon que je ne fuſſe pas obligé de la remuer vers ces moments. Sans cette précaution j'euſſe été dans le cas de perdre de vue Vénus; de prendre le fond du ciel pour le bord du diſque de cette planete, & de commettre ainſi une erreur énorme, au lieu qu'en ne quittant pas un inſ-tant de vue, au dernier contact, le bord de Vénus qui paroiſſoit un peu plus noir que le fond du ciel, j'eus cette phaſe avec toute l'exactitude poſſible.

J'avois chargé M. Pauly d'obſerver à la lunette de trois
pieds

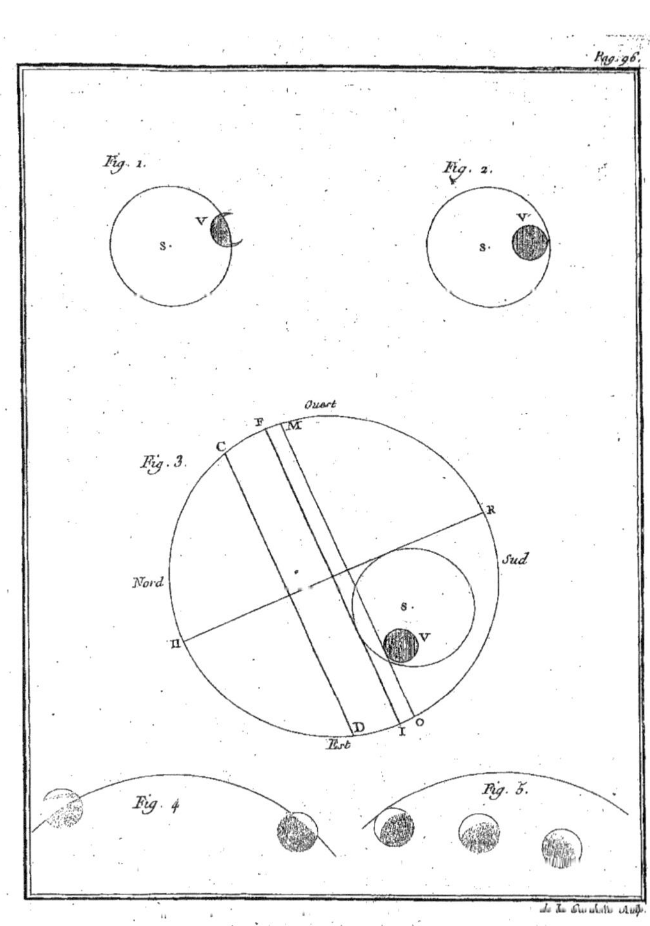

de la Gardette Sculp.

pieds les deux contacts de la sortie ; il étoit déja un peu exercé aux observations. Il observa le premier contact 22″ plutôt que moi, & le dernier 37″ plutôt. Comme il étoit à côté de moi, je m'apperçus du moment où il quitta la lunette pour aller à la pendule, & je vis très bien qu'il fixoit trop tôt les moments du premier & du second contact ; car je voyois encore Vénus parfaitement lorsqu'il étoit à la pendule.

On ne peut pas sans doute desirer une observation plus complette & plus détaillée que celle que nous venons de rapporter. On en conclut *la durée du passage*, ou demeure du centre, à San-Joseph, de 5ʰ 55′ 42″ 45‴, 9 & le milieu du passage à . . . : 3 6 13 20, 2

Mesure des diametres de Vénus.

M. Chappe se servit de la lunette de 3 pieds, garnie d'un micrometre, pour mesurer le diametre de Vénus dans le cours de son passage sur le disque du Soleil.

Temps à la pendule.	Diametre de Vénus en parties du micrometre.	Evalué.
3 Juin 1ʰ 1′	23,5	0° 0′ 52″ 38‴, 8
1 55	23,5	52 38, 8
2 0	23,0	51 31, 6
2 17	23,0	51 31, 6
3 32	22,9	51 18, 0
3 25	22,9	51 18, 0

Avec le quart de cercle de trois pieds.

| 5 18 | 27,0 | 64 17, 5 |

N

J'ignore ce qui a pu faire trouver à M. Chappe le diametre de Vénus si différent de celui qu'ont déterminé les autres Aftronomes. On voit fur-tout avec étonnement le peu d'accord de la derniere mefure prife au quart de cercle, avec les précédentes prifes à la lunette de trois pieds. J'aurois abfolument rejetté cette derniere obfervation fi elle n'avoit été répétée deux fois, & fi, d'ailleurs, je n'euffe remarqué qu'en prenant un milieu entre fon réfultat & celui des autres, on trouve le diametre de Vénus de 57″,8 ; valeur conforme à celle qu'on a trouvée jufqu'à préfent.

Au refte, la meilleure maniere de déterminer ce diametre eft de le déduire du temps que Vénus a employé à traverfer le bord du Soleil. Or, par les deux contacts de la fortie, on trouve que cet intervalle de temps a été à 18′ 28″, 8 ; ce qui donne le diametre de Vénus de 56″, 4, d'autant plus exact qu'il faudroit une erreur d'environ 20″ dans la durée de cet intervalle pour produire une feconde d'erreur dans la mefure du diametre.

Obfervation de la diftance des centres de Vénus & du Soleil, en afcenfion & en déclinaifon.

La figure troifieme repréfente la pofition du Soleil & de Vénus dans le champ de la lunette achromatique de 3 pieds montée fur une machine parallatique. Cette lunette étoit difpofée de façon que le bord boréal du Soleil fuivit exactement le fil FI. Le Soleil s'avançant de I vers F, Monfieur Chappe obfervoit les paffages des bords occidentaux du Soleil & de Vénus au fil horaire HR, & faifant mouvoir le fil mobile MO, il mefuroit la diftance du bord boréal du Soleil au bord de Vénus le plus proche. D'où il eft aifé de déduire les différences d'afcenfion droite & de déclinaifon de Vénus & du Soleil à chaque obfervation.

Passage au fil horaire.

Temps-vrai.

	Premiere observation.	Seconde observat.
Bord occidental du Soleil.		$0^h\,27'\,15'',6$
Bord occidental de Vénus. .	$0^h\,25'\,11'',7$	$0\;28\;54,\,6$
Bord oriental de Vénus. . .	$0\;25\;15,\,7$	$0\;28\;58,\,6$
Bord oriental du Soleil. . .	$0\;25\;48,\,7$	$0\;29\;32,\,6$

	3e observation.	4e observation.	5e observation.
Bord occ. du Sol.	$2^h\,37'\,56'',7$	$4^h\,59'\,24'',9$	$5^h\,6'\,59'',9$
Bord occ. de Vén.	$2\;38\;58,\,7$	$4\;59\;45,\,9$	$5\;7\;19,\,9$
Bord or. de Vénus	$2\;39\;\;2,\,7$	$4\;59\;49,\,9$	$5\;7\;23,\,9$
Bord or. du Soleil	$2\;40\;14,\,2$	$5\;\;1\;42,\,4$	$5\;9\;18,\,4$

L'on voit donc que dans la premiere observation le centre de Vénus suivoit le centre du Soleil au fil horaire

de	$33'',5$ évaluées	$0^o\;7'\;45''$
Seconde.	$32,\,5$	$0\;\;7\;29$
Troisieme. Vénus précédoit	$4,\,2$	$0\;\;0\;59$
Quatrieme	$45,\,7$	$0\;10\;35$
Cinquieme.	$47,\,2$	$0\;10\;52$

Temps vrai.	Distance du bord boréal du Soleil & du bord boréal de Vénus en parties du micrometre.	Différence de déclinaison apparente des bords du Soleil & de Vénus.
3 Juin $0^h\,25'\,13'',7$	$74,\,5$ évaluées	$0^o\;2'\;48''\;\;0''',4$
$2\;39\;\;\;0,\,3$	$133,\,5$	$4\;59\;\;\;5,\,0$
$2\;43\;39,\,3$	$139,\,5$	$5\;12\;31,\,4$
$2\;56\;26,\;\;$	$143,\,7$	$5\;21\;55,\,2$
$3\;\;\;1\;39,\,7$	$148,\,0$	$5\;31\;34,\,0$
$3\;\;\;9\;14,\,7$	$149,\,0$	$5\;35\;49,\,8$
$3\;11\;19,\,1$	$150,\,5$	$5\;36\;\;\;3,\,0$
$3\;25\;11,\,9$	$159,\,0$	$5\;56\;12,\,6$
$4\;59\;47,\,9$	$209,\,9$	$7\;48\;13,\,6$

	Le diam. du Soleil.	Je l'ai supposé d'après le cal. de
à $\;\;3\;42$	$843,\,4$	$31\;33\;15,\,0$

Aussi-tôt après le premier contact de l'entrée, c'est-à-dire à 0^h $1'$ $52''$ temps vrai, M. Chappe mesura au grand quart de cercle de trois pieds la différence de hauteur entre le bord inférieur boréal du Soleil & le point de son disque où Vénus étoit entrée, & il la trouva de $68,^{part.}$ 5, ou $2'$ $43''$ $6'''$, 5 dont Vénus étoit plus élevée : & immédiatement après le premier contact de la sortie, c'est-à-dire à 5^h $58'$ $19''\frac{1}{3}$, la différence de hauteur du point de sortie & du bord du Soleil le plus proche fut trouvée de $81^{part.}$, ou $3'$ $12''$ $52'''$, 5. Or par le calcul on trouve que dans la premiere observation la hauteur apparente du bord du Soleil doit être de $89°$ $32'$ $47''$, & dans la seconde de $8°$ $48'$ $22''$; ce qui donne la hauteur apparente du point de l'entrée de $89°$ $30'$ $4''$, & celle du point de sortie de $8°$ $51'$ $35''$.

Ce n'est point ici le lieu de fixer le principal résultat que l'on peut tirer de cette observation par rapport à la parallaxe du Soleil : nous en parlerons à la fin de cet Ouvrage. Quant à présent il suffit de dire qu'en supposant cette parallaxe de $8''$, 6, le calcul de l'observation propre de San-Joseph donne :

L'heure vraie de la conjonction de . .	2^h $45'$ $57''$
Milieu du passage	3 8 $45\frac{1}{2}$
Plus courte distance des centres de Vénus & du Soleil	$0°$ $10'$ $7''$
Lieu de la conjonction	2^p 13 27 20
Latitude au moment de la conjonct.	10 14
Lieu du Nœud	2^p 14 36 3

ARTICLE VI.

Eclairciſſements ſur la longitude de Vera-Crux, de Mexico, ainſi que ſur différents autres points de Géographie, touchant le Mexique & la Californie.

DANS la premiere partie de cet ouvrage, qui comprend la relation du voyage de M. Chappe à travers le Mexique, je n'ai point cru devoir entrer dans le détail circonſtancié d'un journal itinéraire : il n'en eſt pas de même ici, où je crois devoir confirmer & conſtater les corrections qui ont été faites à une *nouvelle Carte de l'Amérique ſeptentrionale*, dédiée à l'Académie Royale des Sciences de Paris par Don Joſeph-Antoine de-Alzate y Ramirez en 1768, & publiée derniérement par M. Buache. Les détails ſont eſſentiels à l'objet que je me propoſe dans cet article.

Je commencerai d'abord par la détermination des deux points principaux ; ſavoir, la poſition de Vera-Crux, & celle de Mexico.

De la longitude & de la latitude de Vera-Crux.

Le port de Vera-Crux, autrement dit *San-Juan de Ulna*, eſt, comme l'on ſait, un des principaux du golfe du Mexique. C'eſt là où abordent la flotte Eſpagnole & les autres vaiſſeaux qui viennent d'Europe au Mexique. On diſtingue *Vera-Crux Vieja* & *Vera-Crux Nueva*. Vera-Crux Vieja eſt ſituée à quelque diſtance de la mer, ſur une petite riviere qui ſe décharge dans le golfe ; mais il n'eſt queſtion ici pour le préſent que de Véra-Crux Nueva, dont la poſition eſt la plus eſſentielle à déterminer. Le grand nombre de voyages que les Eſpagnols font tous les ans à Vera-Crux sembleroit devoir faire espérer une détermination exacte de la position de ce port. On va voir cependant combien on étoit éloigné jusqu'ici de la connoître.

Don Joseph-Antoine de Alzate y Ramirez, dans sa Carte du Méxique, dédiée & envoyée en 1768 à l'Académie, place Véra-Crux par 101° 30' à l'occident de Paris, & par 18° 50' de latitude. Dans le Neptune François la longitude de ce lieu est de 100° 17', sa latitude de 19° 6'.

Voici comme je détermine l'une & l'autre.

M. Chappe avoit emporté avec lui une montre marine, qui, du Havre à Cadix, & dans le reste du voyage, avoit toujours annoncé la terre avec la plus grande exactitude. Le 7 Février 1769 M. Chappe se trouvant proche de la pointe de l'isle de la Dominique, la montre donna la longitude de 315° 32'. Or la Carte de Sople, publiée par M. Buache en 1740, la donne de 315° 47'. Suivant M. Bellin, dans sa Carte de 1766, cette longitude n'est que de 315° 2'.

On voit donc, qu'admettant comme la meilleure la longitude de la Carte qui diffère le plus de celle de la montre marine, l'erreur de cette montre n'étoit, à la Dominique, que d'environ 10 lieues.

Trente-sept jours après, c'est-à-dire le 14 Mars, M. Chappe étant à Vera-Crux détermina le midi vrai à la montre marine à 6ʰ 4' 59" ⅓. L'avance connue & déterminée de cette montre sur le temps moyen, devoit être ce jour-là de 41" 18‴, ce qui donne le temps moyen à Cadix au moment du midi de Vera-Crux, de 6ʰ 4' 18", 2; d'où retranchant 9' 21" 18‴ pour l'équation du temps, on aura 5ʰ 54' 56" 54‴ pour l'heure vraie de Cadix; y ajoutant 34' 16", différence des méridiens de Cadix & de Paris, on aura 6ʰ 29' 13", ou 97° 18' ¼ pour la différence de longitude entre Paris & Vera-Crux, qui se trouve plus occidentale.

On voit donc que la moindre erreur des cartes sur la longitude de Vera-Crux est de 3°.

Quoique cette détermination de la longitude de Vera-Crux par la montre marine ne soit pas aussi exacte ou aussi exempte de doute que si elle avoit été déduite d'observations astronomiques nombreuses & bien faites, néanmoins on peut inférer que cette longitude ne peut être que peu différente de la véritable, & sur-tout qu'elle est préférable à celle que donnent les Cartes. En effet, depuis Cadix jusqu'à la Dominique, la traversée a été de 75 jours, & fort orageuse; néanmoins on ne peut taxer la montre que d'une erreur tout au plus de 100 lieues dans la longitude de la Dominique. Or de la Dominique à la Vera-Crux il n'y a eu que 37 jours d'intervalle; ce seroit donc mettre tout au pis que de supposer une erreur de 15 lieues dans la longitude de Vera-Crux, déterminée par la montre marine.

D'ailleurs, l'erreur de 30, indiquée par la montre marine, se trouvera bientôt confirmée, par rapport à un autre lieu peu éloigné de Vera-Crux, par des observations mêmes astronomiques.

Passons maintenant à la latitude de Vera-Crux.

Le 15 Mars M. Chappe observa la hauteur du bord supérieur du Soleil avec son petit quart de cercle, de 69° 20′ 29$^{\text{part.}}$, ou 69° 16′ 44″, 9. La lunette baissoit de 2′ 21″ $\frac{1}{4}$. La réfraction à cette hauteur étoit de 22″, le diametre du Soleil de 16′ 5″. On a donc la vraie hauteur du centre du Soleil de 69° 2′ 39″ : y ajoutant sa déclinaison 1° 47′ 43″, on a 7° 50′ 22″; hauteur dont le complément 19° 9′ 38″ est la latitude cherchée de Vera-Crux.

D'après cette détermination, l'on voit que, dans la Carte du Mexique Vera-Crux se trouve placée environ 20′ trop au sud.

De la longitude de Mexico.

M. Chappe ne fit aucune obſervation à Mexico ; mais Don J. de Alzate nous a envoyé par le canal de M. Pauly pluſieurs obſervations d'éclipſes des Satellites de Jupiter, qu'il a faites lui-même dans cette ville, ainſi qu'un petit imprimé qui contient les détails de l'éclipſe de Lune qui a eu lieu le 12 Décembre 1769.

Voici ces obſervations telles que Don J. Alzate les rapporte.

Immerſion des Satellites.

	Obſervé à Mexico.	Calculé pour Paris.
16 Février 1770	à 16ʰ 38′ 49″ ᵀᵉᵐᵖˢ ᵛʳᵃⁱ	IIIᵉ 23ʰ 19′ 53″
29	à 15 45 0	Iʳ 22 30 24
14 Mars	à 15 56 53	Iʳ 22 42 48

Prenant un milieu entre les réſultats des deux dernieres obſervations, on en déduit la longitude de Mexico de 6ʰ 45′ 9″ à l'occident, ou 101° 25′.

Voici maintenant les principales phaſes de l'éclipſe de Lune du 12 Décembre 1769, obſervée à Mexico.

Temps vrai.

10ʰ 16′ 1″	Commencement un peu incertain.
28 30	L'ombre à Ariſtarque.
29 25	Galilée tout-à-fait dans l'ombre.
31 33	L'ombre à Grimaldi.
34 20	L'ombre à Kepler.
38 24	L'ombre à Platon.
39 50	Platon tout-à-fait dans l'ombre.
42 7	L'ombre à Copernic.
43 35	L'ombre à Ariſtote.
11 3 0	L'ombre à Pline.
3 7	L'ombre à Ménélas.
4 23	Ménélas tout-à-fait dans l'ombre.

11ʰ 7′ 27″ L'ombre à Dionſius.
  14 15 L'ombre à *Mare criſium.*
  18 0 L'ombre à *Promontorium acutum.*
  22 54 *Mare criſium* tout-à-fait dans l'ombre.
12 8 44 Grimaldi ſort de l'ombre.
  24 9 Kepler ſort de l'ombre.
  27 9 Ariſtarque ſort de l'ombre.
  27 43 Ariſtarque tout-à-fait ſorti.
  58 0 *Mare ſerenitatis* ſort de l'ombre.
  59 27 *Mare ſerenitatis* tout-à-fait ſorti.
13 4 24 *Mare criſium* ſort de l'ombre.
  13 12 Fin incertaine.
  13 45 Fin certaine.

Je n'ai pu avoir aucune obſervation en Europe correſ-
pondante à celle-ci ; je l'ai rapportée ici avec un grand
détail, afin que ceux qui ſeront plus heureux puiſſent faire
une comparaiſon plus exacte. En attendant, ſi je compare cette obſervation avec le calcul qui me donne la fin
pour Paris, le 12, à 19ʰ 51′ 30″, j'en déduis la longitude
de Mexico à l'orient de Paris de 6ʰ 37′ $\frac{3}{4}$; mais je n'hé-
ſite pas un moment à donner la préférence au réſultat
des obſervations de Satellites ſur celui-ci.

L'obſervation de la ſortie de Vénus en 1769, faite à Mexico par le même Don Joſeph de Alzate, nous fournit une
nouvelle détermination de la longitude de cette ville.
M. de la Lande ayant calculé le contact intérieur, & ſup-
poſant la parallaxe du Soleil de 8″ $\frac{1}{2}$, trouve que la
longitude de Mexico doit être de 6ʰ 49′ 52″. Cette détermination ſera certainement préférable à toute autre, ſi
la parallaxe ſuppoſée eſt la véritable, comme on n'en
peut guere douter maintenant, & ſi l'heure du contact a
été bien déterminée.

Je laiſſe au Lecteur le choix du réſultat qu'il croira devoir préférer. Je ne doute pas, au reſte, que le zele de Don
Alzate y Ramirez, notre Correſpondant, ne nous mette

O

bientôt en état d'établir la position exacte de Mexico, d'après les observations qu'il se propose de faire dans cette ville. Il a déja fixé la latitude à 19° 54'.

Dans la *Connoissance des temps* on a supposé jusqu'à présent la longitude de Mexico de 106°. Don J. de Alzate, dans sa Carte, place cette ville à 104° 9' 0" à l'ouest de Paris, ou par 275° ¼ de l'isle de Fer. On voit donc que la plus petite erreur sur la longitude de Mexico, celle de la Carte de D. J. de Alzate, étoit encore jusqu'à ce jour de 2° 44'.

Nous avons vu dans les articles précédents 3e & 4e, que la longitude de San-Joseph devoit être établie de 7h 28' 10", ou 112° 2' ½ ; sa latitude de 23° 3" ⅓.

M. Doz l'a déterminée de 23° 5' 15"; mais il ne nous a donné aucun détail de ses observations qui puisse nous faire juger de leur degré de précision. D'ailleurs, les observations de M. Chappe sont trop exactes & trop d'accord pour ne pas leur donner la préférence en ce point.

L'erreur des Cartes sur la position de San-Joseph n'est pas moins considérable que sur celle de Mexico. En effet, Don J. de Alzate, dans sa Carte du Mexique, place San-Joseph par 22° de latitude, & 264° ⅔ de longitude par rapport à l'isle de Fer, ou 115° 14' à l'occident de Paris. L'erreur de la Carte de Don J. de Alzate est donc de 3° 12' en longitude, & de 1° 3' en latitude.

D'après les nouvelles déterminations que nous venons de constater, l'on voit donc que l'Amérique & la Californie doivent être rapprochées de l'Europe d'environ quatre degrés de longitude. Combien une erreur aussi considérable ne pouvoit-elle pas être préjudiciable aux Navigateurs! Elle a surement été funeste à plus d'un vaisseau, & les autres n'auront dû leur salut qu'aux erreurs particulières de leur estime, qui auront compensé celles des Cartes.

Passons maintenant à la Géographie intérieure du Mexique. Les Journaux de M. Chappe nous fournissent au moins un itinéraire de la route de Vera-Crux à Mexico, &

de Mexico à la côte occidentale du Mexique, sur la Mer Vermeille.

Au sortir de Vera-Crux, on suit le bord de la mer, en allant vers le nord, pendant environ deux heures de chemin; prenant ensuite dans les terres, à travers de méchants bois, on arrive au bout de trois heures à une riviere, de l'autre côté de laquelle est située *Vera-Crux Vieja*, dont la distance, par rapport à Vera-Crux Nueva, est d'environ 5 lieues.

De Vera-Crux Vieja, on prend le chemin de Xalapa, ville la plus prochaine, en passant par plusieurs villages qui se trouvent proche de la route, ou sur la route même; tel est le hameau de *Serio-Rico*, situé sur une hauteur, à laquelle on parvient par une pente fort douce.

A 2 heures $\frac{1}{2}$ ou 3 heures de chemin de Serio-Rico, on trouve le hameau de *Riconada*. Le chemin qui conduit de l'un à l'autre lieu est très mauvais, il ne seroit pas possible d'y passer avec des voitures. L'on compte environ six lieues de Vera-Crux Vieja au hameau de Riconada. Ce hameau, au reste, mérite moins ce nom que celui d'habitation, ou de simple cabaret ; car il n'y a en tout qu'une seule maison. Quatre lieues plus loin se trouve un autre lieu aussi peu considérable, nommé *el Plan del Reyo*. Au sortir de ce village on monte perpendiculairement pour parvenir à une hauteur fort élevée, d'où l'on apperçoit le golfe du Mexique, & le port de Nueva Vera-Crux. On descend ensuite de cette hauteur, & l'on arrive au bout de deux lieues au hameau de *Elcoiolé*: enfin, avant d'arriver à Xalapa, on trouve encore le petit hameau de *las Animas*, proche duquel passe un ruisseau d'autant plus remarquable, que c'est le seul qui se trouve depuis Vera-Crux.

Xalapa est adossé à une montagne fort élevée ; une partie de la ville est au pied, & l'autre sur le penchant même de sa hauteur : Xalapa est éloigné d'environ 16 lieues de Vera-Crux Vieja. Le thermometre étant à 14

& à 16°, le barometre s'y foutient à 23^{pouces} 11^{lignes} 6. Au village de Riconada & del Plan del Reyo, à la même hauteur du thermometre, le barometre fe foutient à 27^{pouces} 4^{lignes} 2.

Au fortir de Xalapa, on monte perpétuellement pour gagner le haut de la montagne où le barometre fe foutient à 21^{pouces} 9^{lignes} 8, le thermometre étant à $1° \frac{3}{4}$. En général, depuis cette ville en s'avançant vers Mexico, le terrein s'éleve de plus en plus. A 6 lieues par-delà Xalapa, on trouve le village de *las Bigas*. La route pour y parvenir eft affreufe ; on monte & on defcend fans ceffe pour traverfer une chaîne de montagnes, dont la largeur eft comprife entre ces deux lieux. Avant d'arriver à las Bigas, on traverfe pendant plus d'une lieue un terrein aride, qui n'offre que les reftes & les veftiges épars de quelque ancien volcan, éteint fans doute depuis quelque temps. D'ailleurs, à 3 lieues à droite de la route, on apperçoit une montagne fameufe par un volcan qui y exifte actuellement, & plus encore par fon élévation, qui, à ce l'on prétend, la rend vifible à 45 lieues en mer.

A 4 lieues de las Bigas, l'on trouve le village de *Perotte*. Le thermometre étant à $8° \frac{1}{4}$, le barometre fe foutenoit à 21^{pouces} 2^{lignes} 4. Perotte eft encore éloigné d'environ 40 lieues de la ville de Mexico ; mais les chemins deviennent de plus en plus beaux à mefure qu'on approche de la capitale ; la route eft pratiquée entre deux chaînes de montagnes affez élevées, qui tantôt s'en éloignent & tantôt s'en rapprochent.

A 10 lieues de Perotte, on trouve le village de *Sant-Yago*. A 2 lieues de ce village eft la fameufe montagne d'*Orifaba*. Elle reffemble beaucoup au Pic de Ténériffe ; on l'apperçoit, dit-on, de Mexico quand l'horizon eft fort clair. Le fommet en eft toujours couvert de neige, & le pied très bien cultivé. C'eft, à ce que l'on prétend, la plus haute montagne du Mexique.

Le hameau de *Piedros Negros* eft à 4 lieues de Sant-

Yago. Six lieues ensuite par-delà on trouve celui de *Bona-ventura*, qui n'est qu'une simple auberge. Dans ce lieu le thermometre étant à 15,°, le barometre se soutenoit à 20^{pouces} 9^{lignes} 6. Vers Bonaventura les deux chaînes de montagnes, en s'étendant & s'éloignant l'une de l'autre le plus de 10 lieues, forment une très belle plaine. A deux lieues environ de Bonaventura, en allant vers *Apa*, village le plus prochain, on trouve un ruisseau. Apa paroît être à 4 lieues de Bonaventura. A 6 lieues d'*Apa*, on passe par un petit hameau nommé *San-Juan Deakoua*. Trois lieues plus loin on en trouve un autre appellé *Car-pès*; & enfin on arrive à la ville de Mexico, qui est éloignée de ce dernier hameau de 6 lieues.

Telle est la route de Vera-Crux Nueva à la ville de Mexico, laquelle comprend environ 72 à 75 lieues. Nous avons déterminé plus haut la différence de longitude de ces deux villes de $5° 9' \frac{3}{4}$. Nous allons maintenant donner le détail de la route de Mexico à la côte occidentale du Mexique.

La ville remarquable que l'on rencontre dans ce trajet est celle *Guadaluxara*.

Quatorze lieues au-delà de la ville de Mexico, vers le nord-ouest, l'on rencontre le village *Tepexe del Rio*. A deux lieues environ de cet endroit, en allant gagner *la Venta San-Francisco*, hameau qui n'est guere éloigné de plus de 7 lieues, on passe le pont de *Clauta*, sur une petite riviere. Le chemin est très mauvais, & toujours entrecoupé de montagnes.

Route de Mexico à San-Blas.

De San-Francisco, on gagne le hameau de *Assieda a Royo Arcos*, qui n'en est qu'à quatre lieues. Cinq lieues plus loin se trouve ensuite la ferme de *Cuervo*. Passé Cuervo, on descend perpétuellement jusqu'à la petite ville de *San-Juan del Reyo*, qui n'en est qu'à 4 lieues. De San-Juan del Reyo, on gagne, à environ 10 lieues de là, une autre ville nommée *Queretaro*, où se remarque un fort bel aqueduc. Dix lieues encore plus loin eſt la ville de *Zelaya*. On quitte Zelaya pour ſe rendre au hameau de *Molino*, qui en eſt à 6 lieues. De Molino à la petite ville de *Ira Poito*, l'on compte environ quatre lieues, & cinq de là au hameau de *la Nouragrande*.

Au ſortir de la Nouragrande, on traverſe un pays abſolument déſert, pour gagner à 9 lieues de là le village de *la Calzada*. Paſſé ce hameau, on traverſe une plaine abſolument déſerte, pendant l'eſpace de 12 lieues, pour arriver au hameau *del Serro Gordo*, compoſé de deux ou trois chaumieres ſeulement, fort éloignées entre elles ; on trouve dans ce trajet une petite riviere. Après Serro Gordo, on trouve le hameau de *los Picachos*, & 12 lieues plus loin, on rencontre la riviere de *Rio Grande*, que l'on paſſe ſur un pont de 26 arches, fort bien conſtruit, pour arriver enfin à la ville de *Guadalaxara*, après un trajet d'environ cent ſeize lieues depuis Mexico, & de cent quatre-vingt-dix depuis Vera-Crux.

La diſtance de Guadalaxara au lieu le plus proche de la côte occidentale du Mexique eſt peu conſidérable ; mais pour gagner la côte à la hauteur de la Californie il faut remonter beaucoup vers le nord-oueſt, ce qui alonge un peu cette route.

Au ſortir de Guadalaxara, on trouve le hameau de *los Ranchoz*, qui en eſt éloigné de 6 lieues ; & cinq lieues plus loin le petit village de *Malitan*, d'où l'on gagne à la diſtance de 3 lieues le petit hameau de *Tekita*. On entre enſuite dans les montagnes pour faire une route très rude pendant cinq lieues juſqu'à *la Magdeleine* ; de la Magdeleine, on deſcend à la Sucrerie de *Moutſchitilté*, qui en eſt à 6 lieues. Au ſortir de Moutſchitilté le chemin devient affreux, & bordé de précipices pendant l'intervalle de 5 lieues ; les 3 lieues ſuivantes, pour gagner *Yſtlan*, ſont un peu plus praticables. D'Yſtlan, on gagne au bout de 3 lieues le hameau d'*Aova Catelan*, & 5 lieues plus loin celui de *Titulane*, d'où l'on ſe rend, après 7 lieues de

oute, au hameau de *San-Lionel*, qui n'eſt qu'à 6 lieues
de la petite ville de *Tepick*.

Enfin de Tepick à San-Blas on ne compte que treize
ou quatorze lieues, dans l'intervalle deſquelles on ne
rencontre que deux petits hameaux.

Le port de *San-Blas* eſt un nouvel établiſſement ſur la
côte du Mexique, à l'embouchure de la riviere de *San-*
Pedro.

Le trajet de Guadalaxara à San-Blas eſt d'environ
260 lieues. On emploie communément un mois à faire ce
voyage.

Il y a pluſieurs ports de la côte du Mexique ſur la Mer
Vermeille, d'où l'on s'embarque pour la Californie. Nous
commencerons d'abord par celui de *Matanchel*, qui eſt
le plus méridional; il eſt au ſud de San-Blas, & formé
à l'embouchure de *Rio Grande*. Ce port eſt mal-ſain. Il
ne faut pas y ſéjourner long-temps; auſſi y trouve-t-on
rarement des vaiſſeaux.

Au nord de San-Blas eſt le port de *Mazatlan*. L'entrée
de ce port eſt perpendiculaire à la ligne nord & ſud, elle
eſt formée par trois petits iſlots. A l'entrée il y a environ
28 braſſes de fond; & dans le port, par-delà une broche
qui ſe trouve un peu à l'eſt en entrant, il n'y en a plus
que huit braſſes; & plus loin, dans le grand baſſin qui
eſt à l'intérieur, il ſe trouve ſi peu d'eau que les barques
ſeules peuvent y entrer. Mazatlan eſt éloigné de Matanchel d'environ 20 lieues.

Au-deſſus de Mazatlan eſt le port de *Ramada*.

Les vents de nord & de nord-oueſt ſont fort communs
ſur la Mer Vermeille, & les courants portent au ſud; de
ſorte que pour gagner la Californie il faut s'embarquer à
la côte du Mexique le plus nord poſſible; auſſi les lieux
où l'on s'embarque le plus facilement, & où l'on trouve
le plus de vaiſſeaux, ſont à l'embouchure de la riviere de
Sinaloa, & de celle de *Mayo*. De ces deux endroits, on

s'embarque fur des petits canots à rames, & l'on eft rendu en trois jours à la côte de Californie.

De San-Blas au cap San-Lucas le trajet eft d'environ 60 lieues. A 12 lieues environ à l'oueft de San-Blas ; & 10 lieues plus fud, on trouve les trois ifles défertes de *Ste.-Marie*. Leur direction refpective eft dans la ligne nord-oueft. Deux de ces ifles, les plus proches de San-Blas, font éloignées entre elles d'environ 3 lieues ; l'on peut paffer entre, mais il faut prendre garde à un rocher qui fe trouve dans le paffage, proche d'une des deux ifles les plus orientales, qui eft auffi la plus petite. A l'oueft, près de la troifieme ifle la plus occidentale, eft encore une autre petite ifle qui a au plus une lieue dans fa plus grande largeur ; elle s'appelle *le petit San-Juan*. C'eft dans la plus occidentale des ifles de Sainte-Marié que l'on trouve à faire de l'eau à une petite riviere qui a fon embouchure dans la mer vers le fud-oueft de l'ifle.

Il ne nous refte plus que peu de mots à dire fur la pofition de quelques lieux de la Californie. La Miffion de San-Jofeph eft fituée à envion une lieue de la côte fur une petite riviere qui fe décharge dans la Mer Vermeille.

Le cap San-Lucas, pointe la plus méridionale de la Californie, eft à 7 lieues environ de San-Jofeph, vers le fud-eft, de forte que fa longitude & fa latitude ne doivent différer que de quelques minutes de celles de San-Jofeph.

L'Abbaye de San-Barnabé fe trouve 15 lieues au-deffus de San-Jofeph, en remontant dans le golfe. C'eft un des endroits où l'on aborde le plus aifément.

Enfin, 40 lieues au nord de San-Jofeph, en fuivant la côte, on trouve le village de *San-Anna*, pofition qui n'étoit point rapportée fur les cartes.

HISTOIRE

ABRÉGÉE

DE LA

PARALLAXE DU SOLEIL.

Exposé des travaux entrepris à ce sujet, & des résultats du Passage de Vénus sur le disque du Soleil, observé en 1761 & 1769.

LA parallaxe du Soleil est un des points de l'Astronomie qui a le plus occupé les Savants depuis environ un siecle. L'influence de cet élément sur tout le système planétaire en rendoit la recherche extrêmement importante. L'on ne doit donc pas être étonné des travaux nombreux, des voyages pénibles, qui ont eu lieu depuis quelques années, ni de l'empressement qu'ont montré les nations les plus éclairées de l'Europe à concourir chacune en particulier au succès de cette intéressante découverte.

L'Astronomie, ainsi que toute science qui n'est fondée que sur l'observation & l'assemblage des faits, ne peut avoir que des progrès lents. Elle doit tout attendre du

P

temps. L'époque de chaque siecle est celle de quelque nouvelle découverte dont elle s'enrichit. Des génies heureux peuvent hâter de quelques pas sa marche vers la perfection ; mais il est des découvertes qui tiennent à des circonstances que rien ne peut accélérer ; telle est la circonstance du passage de Vénus. Elle seule pouvoit dissiper absolument nos incertitudes sur la quantité de la parallaxe du Soleil ; elle seule pouvoit fixer avec la derniere précision un élément qui avoit varié jusqu'ici, selon les opinions de divers Astronomes, & selon les différentes méthodes qu'ils avoient employées à sa recherche. Heureux notre siecle, à qui étoit réservée la gloire d'être le témoin d'un événement qui le rendra à jamais mémorable dans les annales des Sciences !

Mais en quoi donc avoit consisté jusqu'à ce jour la difficulté de déterminer la parallaxe du Soleil ? Qui a pu faire varier les Astronomes sur ce point, & rendre leurs méthodes insuffisantes ? Comment le passage de Vénus devoit-il leur procurer un résultat préférable à tout autre, & exempt de toute incertitude ? Enfin quelle conclusion en ont-ils tirée ? Ces questions ont dû naturellement s'offrir à l'esprit de tous ceux qui ont entendu parler du passage de Vénus, & qui, par goût pour les sciences, y ont apporté quelque intérêt. Je me propose de satisfaire ici leur curiosité ; d'expliquer le plus clairement qu'il me sera possible tout ce qu'on peut desirer de savoir sur cet objet : je ne prétends pas néanmoins entrer dans tous les détails dont cette matiere est susceptible, ils demanderoient seuls un ouvrage particulier, & surpasseroient les bornes de cet article, qui ne peut être ici placé que comme un accessoire.

Ce que c'est que la parallaxe. En quoi consiste la difficulté de la déterminer.

La parallaxe du Soleil est la différence du lieu où cet astre nous paroît, vu de la surface de la Terre, au lieu où il paroîtroit s'il étoit vu du centre du globe ; ou, si l'on veut, c'est l'angle sous lequel paroît le rayon de la Terre vu du centre du Soleil (1). Or l'on sent parfaitement que cet angle doit être d'autant plus petit, que le Soleil eft plus éloigné de nous. La parallaxe du Soleil eft donc dépendante de fa diftance à la Terre ; fi cette diftance étoit connue, on connoîtroit auffi-tôt la parallaxe ; & réciproquement. Mais dans le triangle parallactique nous ne connoiffons qu'un côté qui eft le rayon de la Terre, & il n'eft aucun moyen de fe procurer d'autre donnée par une mefure directe. Voilà la premiere difficulté.

Cette difficulté arrêta d'abord les anciens Aftronomes, & demeura long-temps au-deffus de leurs forces ; ils furent réduits à former des conjectures. Pétofiris & Nécepfos, Rois d'Egypte, ne croyoient le Soleil éloigné de la Terre que de 2970 ftades (2). Pythagore, je ne fais d'après quel calcul, fixoit cette diftance à dix-huit mille lieues. Ces opinions, comme l'on voit, énormément éloignées de la vérité, & que nous regardons aujourd'hui comme ridicules & abfurdes, étoient admifes & fuivies avec raifon dans ces premiers temps, où les connoiffances, foit dans la théorie ou dans la pratique de l'Aftronomie, fe trouvoient trop bornées pour pouvoir y rien fubftituer de préférable. Ce ne fut que vers l'an 264 avant Jéfus-Chrift que l'on commença à avoir des idées moins groffieres fur cet objet ; elles furent dues à Ariftarque de Samos. La rectification que ce Philofophe apporta à l'opinion de fes prédéceffeurs, quoiqu'encore bien imparfaite, eft néanmoins d'autant plus digne d'éloge qu'elle eft fondée fur une méthode fort ingénieufe, dont voici l'idée.

Ariftarque, fuppofant connue la diftance de la Lune à la Terre, vouloit qu'au moment de la quadrature on mefurât l'angle d'élongation entre le Soleil & la Lune,

---

(1) Cet angle a donc fon fommet au centre du Soleil, & a pour bafe le rayon de la Terre.

(2) Cela ne fait pas 130 lieues.

ce qui lui donnoit un côté & un angle connus dans un triangle rectangle, dont la distance du Soleil à la Terre se trouvoit être l'hypothénuse, & étoit par conséquent facile à déterminer. Aristarque, par ce moyen, parvint à reconnoître que la parallaxe du Soleil ne pouvoit pas aller au-delà de trois minutes. Cette quantité, à la vérité, étoit encore vingt-une fois environ trop grande; mais Aristarque ne pouvoit guere atteindre alors à une plus grande précision. Il supposoit connue la distance de la Lune à la Terre, & la connoissoit fort mal. D'ailleurs, sa méthode rigoureuse dans la théorie devient peu sure dans la pratique, en ce qu'elle exige de saisir exactement le vrai moment de la quadrature de la Lune, c'est-à-dire celui où l'angle à la Lune est juste de 90°, ce qui ne peut se juger que par l'apparence de la partie éclairée de la planete : or cette apparence a des variations trop peu sensibles, & reste long-temps la même quoique la Lune change de place. On croit faire l'observation au moment précis de la quadrature, tandis que la Lune en est peut-être éloignée d'un tiers de degré ; ce qui influera considérablement sur la mesure de l'angle à la Terre, par conséquent sur la distance cherchée & sur la parallaxe. Malgré les difficultés de cette méthode, il est pourtant certain qu'elle est susceptible d'une précision beaucoup plus grande que celle qu'en avoit tiré son auteur; en effet, nous verrons que par son moyen Riccioli & Vendélius ont approché beaucoup de la vérité.

La détermination d'Aristarque fut long-temps la plus exacte & la plus suivie. Ptolomée, plus de trois siecles après, ayant tenté la même recherche, mais par une autre méthode, trouva 2′ 50″ pour la parallaxe. La méthode qu'il employa n'étoit autre chose que celle qu'Hipparque avoit indiquée. Elle consistoit à déterminer dans les éclipses de Lune le diametre apparent de l'ombre, & celui du Soleil : leur somme retranchée de la parallaxe horizontale de la Lune, supposée connue d'ailleurs, donnoit la parallaxe du Soleil (1). A tout bien confidérer, cette méthode d'Hipparque n'étoit guere préférable à celle d'Ariftarque, ni fufceptible d'une précifion beaucoup plus grande. En effet, elle eft également fondée fur des éléments dont il eft très difficile d'établir la jufte quantité (2), & dans lefquels la moindre erreur influe confidérablement fur les réfultats. Auffi voyons-nous que tous ceux qui ont tenté de s'en fervir, tels que Ptolomée, Tycho, &c. ont toujours trouvé une quantité fort éloignée de la véritable : & l'on pourroit alléguer, en faveur de la méthode d'Ariftarque, que c'eft en la fuivant que Vendélinus, au milieu du dernier fiecle vers l'an 1647, parvint à réduire la parallaxe du Soleil à 15″, c'eft-à-dire à 6″ ½ près de la véritable, précifion que perfonne n'avoit encore atteinte avant lui.

C'eft donc ici que nous devons fixer nos premiers fuccès dans la recherche de la parallaxe du Soleil. Riccioli, à la vérité, jetta peu d'années après quelque incertitude fur la parallaxe établie par Vendélinus, qu'il prétendoit trop petite de moitié. En effet, en employant auffi les quadratures de la Lune, il trouvoit cette parallaxe de 28″. Riccioli fe trompoit abfolument ; fon réfultat étoit deux fois trop grand, mais fon erreur ne venoit fans doute que du défaut de la méthode dont nous avons expofé ci-deffus les inconvéniens. L'on demeura donc encore incertain pendant quelque temps entre 15 & 28″. C'étoit beaucoup, au refte, d'être parvenu à réduire la parallaxe du Soleil à une auffi petite quantité. Nous allons voir qu'on ne tarda pas long-temps à la diminuer encore.

----

(1) Je ne me propofe pas ici de donner la démonftration de chaque méthode ; il faudroit des figures, des explications, en un mot, des détails qui nous meneroient trop loin ; il me fuffit d'en donner l'efprit.

(2) Il fuffit d'avoir obfervé une fois une éclipfe de Lune, pour juger combien il eft difficile de déterminer le diametre de l'ombre, dont la pénombre rend toujours les bornes indécifes.

Déja commençoit à luire ce beau jour que les Arts &
les Sciences, du pied du trône de Louis XIV, alloient ré-
pandre sur toute l'Europe. L'établissement de l'Académie
Royale des Sciences, époque à jamais mémorable pour
les siecles qui nous suivront (1), venoit de rassembler,
pour ainsi dire, comme dans un foyer commun, ces génies éclairés dont les lumieres alloient faire briller à nos
yeux un nouveau monde, un nouvel ordre de connoissances. D'un autre côté, la Société Royale de Londres re-
prenoit une nouvelle forme. Digne émule de celle de Paris, elle voyoit fleurir dans son sein des noms fameux,
des Savants illustres, capables d'établir & de soutenir
entre les deux Nations une rivalité & une égalité cons-
tante dans l'Empire des Sciences. Halley, Flamsteed, Bradley en Angleterre; Auzout, Picard, la Hire, Roémer,
Jean-Dominique Cassini en France, par leurs travaux &
leur génie faisoient éprouver à l'Astronomie une entiere
révolution; chacune des parties de cette science fut entre
leurs mains ébauchée ou perfectionnée. On juge qu'un
élément aussi important que la parallaxe du Soleil ne
fut point oublié. Les observations les plus délicates, les
méthodes les plus ingénieuses furent employées à cette
recherche.

La petitesse de la parallaxe du Soleil est une nouvelle difficulté de la déterminer.

Les tentatives que l'on avoit faites jusqu'alors, les résultats qu'on en avoit obtenus, suffisoient pour faire connoître que la parallaxe du Soleil étoit une quantité extrêmement petite, & presque insensible aux observations, dont
les erreurs mêmes pouvoient la plupart du temps surpasser
cette quantité & l'anéantir, ce qui la rendoit extrêmement
difficile à déterminer. Il parut donc bien plus naturel d'a-
voir recours aux planetes, telles que Mars & Vénus, dont la

____

(1) L'Académie Royale des Sciences fut établie en 1666 : & la
Société Royale de Londres, qui n'étoit d'abord depuis long-temps
qu'une assemblée volontaire de quelques particuliers, reçut en 1660
une forme plus stable.

parallaxe devoit être beaucoup plus fenfible que celle du Soleil, & par conféquent plus facile à déterminer. La parallaxe d'une de ces planetes une fois connue, il étoit aifé d'en déduire celle du Soleil. En effet, la théorie du mouvement des planetes nous fait connoître pour tel inftant que ce foit les rapports des diftances du Soleil & d'une planete quelconque à la Terre; & l'on fait que les parallaxes font entre elles dans la raifon inverfe de ces diftances.

Il ne fut donc plus queftion que de chercher à déterminer avec la plus grande exactitude poffible la parallaxe d'une planete.

Il feroit trop long de détailler ici toutes les méthodes qui furent & qui peuvent être employées à la folution de ce problême. Nous nous contenterons d'indiquer les plus ingénieufes, pour nous hâter de venir à celle du paffage de Vénus, qui eft notre objet principal.

D'après la définition que nous avons donnée ci-deffus de la parallaxe, il eft aifé d'établir les principes fuivants. 1°. Qu'au zénith la parallaxe eft nulle, c'eft-à-dire qu'elle ne change en aucun fens la pofition de l'aftre qui s'y trouve; mais depuis le zénith la parallaxe de hauteur va toujours en augmentant jufqu'à l'horizon où elle eft la plus grande, & fon effet eft de faire paroître l'aftre plus bas qu'il n'eft véritablement. 2°. Que dans le méridien la parallaxe d'afcenfion droite eft nulle; mais elle devient de plus en plus fenfible, à mefure que l'aftre s'éloigne de ce cercle; & l'effet de la parallaxe dans ce fens eft d'augmenter l'afcenfion droite de l'aftre quand il eft du côté de l'orient, & de la diminuer quand il eft du côté de l'occident.

De ces deux principes naiffent les méthodes fuivantes.

1°. Qu'un Obfervateur fe place fur le globe de la Terre de façon que la planete, dont il veut déterminer la parallaxe, paffe à fon zénith lorfqu'elle parvient à fa plus

Il vaut mieux la conclure de celle des planetes, qui eft plus fenfible.

Déterminer la parallaxe d'une planete. Méthode des plus grandes latitudes.

grande latitude supérieure, cette latitude ne sera aucunement affectée de la parallaxe; mais la planete parvenant ensuite à sa plus grande latitude inférieure, & se trouvant alors éloignée du zénith de l'Observateur, sa latitude sera affectée de la parallaxe, & se trouvera différente de la premiere, de toute la quantité de la parallaxe, qui sera ainsi déterminée (1).

Méthode des ascensions droites.

2°. Lorsque la planete passe dans le méridien, déterminez son ascension droite, qui est alors indépendante de la parallaxe. Six heures après déterminez encore une fois cette ascension droite, qui se trouvera alors affectée de la parallaxe, dont la quantité sera la différence des deux ascensions droites observées, ayant égard toutefois au mouvement propre de la planete dans l'intervalle des deux observations.

Méthode des déclinaisons.

3°. Deux Observateurs placés sous un même méridien (2), mais à grande distance, l'un au nord, l'autre au midi de l'équateur, déterminent en même temps la déclinaison de la planete au moment de son passage par le méridien. La parallaxe influe alors différemment sur cette déclinaison, & la rend différente dans l'un & dans l'autre lieu pour chaque Observateur, d'une quantité qui est ou la somme ou la différence de l'effet de la parallaxe dans chaque lieu.

Tel est l'esprit des différentes méthodes (3) qui ont été

---

(1) Ce n'est guere que pour la Lune que cette méthode peut s'employer avec succès.

(2) Il n'est pas nécessaire qu'ils soient sous le même méridien ; mais afin d'être plus clair & plus concis, je ne parle ici que des cas les plus simples, qui montrent mieux l'esprit de la méthode.

(3) Toutes ces méthodes sont expliquées fort au long dans l'Astronomie de M. de la Lande, Tome 2, Livre IX ; dans les Institutions Astronomiques de M. le Monnier, chap. 22, pag. 426, & suiv. & l'on trouvera une ample application des deux dernieres dans le volume des Voyages de MM. de l'Académie.

imaginées,

Obfervations faites en 1672 pour détermi-ner la paral-laxe de Mars.

maginées, & que Flamfteed, J. D. Caffini, mon bifaïeul, & après eux nombre d'autres Aftronomes, ont employées la recherche de la parallaxe de Mars. Ce fut en 1672 que l'on s'en occupa principalement. Mars devoit fe trouver cette année proche de fon périgée en oppofition avec le Soleil, fituation la plus favorable que l'on pût defirer. Une autre circonftance également heureufe fe rencontra en même temps. M. Richer, Membre de l'Académie Royale des Sciences, étoit parti l'année précédente pour l'ifle de Caïenne, où il devoit faire nombre d'expériences & d'obfervations pour le progrès de l'Aftronomie & de la Phyfique. On juge bien que l'on n'avoit pas oublié de lui recommander les obfervations relatives à la parallaxe de Mars, & de fe concerter avec lui pour ne laiffer échap-per aucune occafion de vérifier cet élément effentiel. Tout répondit aux efpérances que l'on avoit conçues, & aux précautions que l'on avoit prifes. M. Richer, à Caïenne, ne ceffa pendant les mois d'Août, Septembre, & Octobre 1672, de comparer Mars à différentes étoiles fixes; tandis que MM. Picard, Roëmer, & Caffini, fai-foient en France, de leur côté, les mêmes obfervations, qui furent de part & d'autre multipliées, répétées, faites en un mot avec toute l'attention & la délicateffe que l'on pouvoit attendre de pareils Obfervateurs.

Les obfervations de Richer ne furent pas plutôt parve-nues en France, que l'on s'empreffa de les comparer avec leurs correfpondantes. Le premier réfulat que l'on en tira ne laiffa pas d'abord de furprendre. En effet, la pre-miere comparaifon des obfervations de Caïenne avec celles de M. Picard ne donna aucune parallaxe pour Mars. Dominique Caffini ne put adopter cette conclufion ; il penfa que l'effet de la parallaxe avoit été anéanti par l'erreur des obfervations. Ayant donc examiné & difcuté ces obfervations, il conclut que l'on pouvoit foupçon-ner un quart de minute d'erreur, & qu'en admettant cette quantité, la parallaxe de Mars ne pouvoit guere être

Q

plus grande que 25″. Cette détermination, qui étoit alors purement hypothétique, devint bientôt un résultat fixe & certain, lorsque M. Cassini, venant à comparer ses propres observations avec celles de Richer, en déduisit la parallaxe de Mars de 25″ ⅓. Non content de cela, M. Cassini chercha à déterminer cette même parallaxe par ses observations seules, indépendamment d'aucune comparaison; il obtint encore le même résultat. Cette double vérification étoit sans doute bien décisive, & en même temps bien satisfaisante pour l'Auteur, qui y trouvoit une preuve flatteuse de la délicatesse de ses observations, & de la bonté de la méthode qu'il avoit employée (1). La parallaxe du Soleil se trouva donc fixée, dèslors, à 9″ ½. Cette détermination ne fut pas, à la vérité, adoptée d'abord de tous les Astronomes, d'autant plus que plusieurs d'entre eux, employant les mêmes méthodes qui avoient si bien réussi entre les mains de M. Cassini, ne furent pas, à beaucoup près, aussi heureux, & trouverent des résultats fort différents. En effet, M. Picard, comme nous l'avons déja dit ci-dessus, par ses observations, comparées avec celles de Richer, trouvoit la parallaxe nulle, tandis que par ses propres observations seules il la trouvoit de 20″. M. de la Hire pareillement trouvoit des variétés si grandes dans ses résultats, qu'il commença par croire la parallaxe du Soleil insensible; mais il finit, pour ainsi dire, comme par accommodement, par la supposer tout au plus de 6″ (2). Il n'y eut que M. Flamsteed, dont les observations s'accorderent parfaitement avec celles de M. Cassini, puisqu'elles donnerent également une parallaxe de 10″. L'accord de ces deux Observateurs consommés n'étoit pas un foible préjugé en faveur de la justesse du résultat.

Dominique Cassini détermine la parallaxe de Mars de 25″, d'où il conclut celle du Soleil de 9″ ½.

---

(1) Celle des ascensions droites dont nous avons fait mention ci-dessus.

(2) *Si cependant on veut employer pour le Soleil une parallaxe de 6″,* disoit M. de la Hire, *on aura,* &c.

M. Halley, un peu trop prévenu contre toute méthode de déterminer la parallaxe du Soleil autre que celle du passage de Vénus, étoit du nombre de ceux qui n'admettoient point la parallaxe établie par MM. Flamsteed & Cassini. Il la supposoit au contraire une fois & demie plus grande, c'est-à-dire d'environ 25″ (1).

Nous conviendrons volontiers avec M. Halley qu'aucune observation n'étoit plus capable de fixer la vraie parallaxe du Soleil, que celle du passage de Vénus ; mais il faut avouer aussi, & l'expérience l'a bien prouvé, que la méthode de chercher cette parallaxe par celle de Mars, comme l'a fait mon bisaïeul, méritoit quelque confiance, & étoit susceptible d'approcher de très près de la vérité. En effet, nous avons vu depuis, que toutes les fois que cette méthode a été employée par un Observateur habile & dans des circonstances favorables, elle a toujours donné des résultats peu différents entre eux ; car en 1704, Mars se trouvant dans la même position qu'en 1672, M. Maraldi saisit cette occasion pour vérifier la parallaxe du Soleil de la même maniere qu'on l'avoit fait auparavant ; il la trouva de 10″. Quinze années après, Mars étant dans son opposition, mêmes opérations de la part de M. Maraldi, même résultat encore. Enfin M. de la Caille, se trouvant au cap de Bonne-Espérance en 1751, ne laissa échapper aucune occasion de déterminer la parallaxe de Mars. Les observations correspondantes furent faites avec le plus grand soin en Europe, par tout ce qu'il y avoit de plus habiles Observateurs. M. de la Caille de retour, après avoir discuté, pesé, & calculé toutes ces observations, finit par conclure la parallaxe du Soleil de 10″$\frac{1}{5}$. Un accord si constant entre des observations faites & répétées à différents temps,

_____

(1) M. Halley varia souvent sur cette quantité. Il fixa d'abord la parallaxe à 45″, ensuite il la réduisit à 25, & enfin à 12, comme dans ses Tables.

en différents lieux, & par différents Observateurs, sembloit assurer que l'on étoit parvenu à la vraie détermination de la parallaxe du Soleil, qui fut dès-lors fixée à 10″ du commun accord de tous les Astronomes. Plusieurs d'entre eux même ne croyoient pas que le passage de Vénus dût apporter un changement bien sensible dans ce résultat, & n'attendoient ce phénomene que comme une vérification de ce que l'on avoit déja trouvé. M. de la Caille s'en expliquoit assez clairement dans l'introduction à ses Ephémérides, depuis 1765 jusqu'à 1775, où il dit mot pour mot : *Enfin, toutes compensations faites, on peut établir, comme une quantité certaine, à moins d'un quart de seconde près, que la parallaxe horizontale du Soleil dans sa distance moyenne à la Terre est de* $10'' \frac{1}{4}$.

TABLE *de la Parallaxe du Soleil selon divers Astronomes.*

Noms des Auteurs.	Vers l'an	Parallaxe du Soleil.
Aristarque de Samos.	264 avant J. C.	3′
Ptolémée	150 après J. C.	2′ 50″
Thycho.	1570	3′
Képler.	1617	1′ — 2′
Vendélinus.	1647	15″
Riccioli.	1666	28″
J. Dominique Cassini. ⎫		$9'' \frac{1}{2}$
Flamsteed.		10″
Picard. ⎬ 1672		o
La Hire. ⎭		6″
Halley.	1677	45″ — 25″
Maraldi.	1704 — 1719	10″
Bradley.	1719	9″ — 12″
Jacques Cassini.	1736	$10'' \frac{1}{2}$
La Caille. ⎫ 1751		$10'' \frac{1}{2}$
Cassini de Thury. ⎭		$10'' \frac{1}{2}$

Tel eſt le point où nous étions parvenus, lorſque le paſſage de Vénus de 1761 vint nous procurer le moyen de diſſiper le reſte d'incertitude que nous pouvions avoir, & de décider la queſtion, ſoit en confirmant le réſultat déja trouvé, ſoit en le rectifiant. Mais avant d'entrer ici dans le détail de l'obſervation de ce fameux phénomene, je vais tâcher, comme je l'ai promis en commençant, de faire comprendre comment la détermination de la parallaxe du Soleil pouvoit en dépendre; il ſuffira enſuite de donner une idée de la méthode que les Aſtronomes ont ſuivie dans leurs calculs, pour conclure cette parallaxe des obſervations qui ont été faites en différents endroits de notre globe.

Rappellons-nous un moment ce que nous avons déja dit plus haut. Nous avons vu qu'en général l'effet de la parallaxe eſt de faire appercevoir un aſtre dans un lieu tout différent que celui où il eſt véritablement. Dans le temps donc où le paſſage de Vénus ſur le diſque du Soleil a lieu pour le centre de la Terre, la parallaxe de Vénus & du Soleil changeant la déclinaiſon, l'aſcenſion droite, en un mot, la poſition vraie & reſpective de ces deux planetes, toutes les circonſtances de ce paſſage, obſervées d'un lieu quelconque de la Terre, ne ſont qu'apparentes, c'eſt-à-dire toutes différentes de celles que l'on obſerveroit du centre de la Terre, qui ſont les véritables (1). Les contacts obſervés au commencement & à la fin ne ſont donc pas les vrais moments de l'entrée ni de

Comment la parallaxe du Soleil ſe déduit de l'obſervation d'un paſſage de Vénus.

____

(1) Il pourroit y avoir quelqu'une des circonſtances du paſſage, obſervée ſur la Terre, qui ſeroit la même qu'obſervée du centre. Par exemple, dans un lieu où l'un des contacts arriveroit au moment où Vénus ſeroit au zénith, ce contact ſeroit le même que vu du centre de la Terre; mais cela ne change rien à la conſéquence où je veux en venir ici: ainſi je n'ai pas cru devoir entrer dans le détail de ces petites exceptions qui ne feroient qu'interrompre la ſuite des raiſonnements, & embrouiller la matiere.

la fortie; en conféquence la durée apparente ou obfervée, la diftance des centres mefurée, doivent être différentes de la durée & de la diftance des centres véritables,
& cela d'une quantité relative à la pofition du lieu où l'on
obferve, & que j'appelle *l'effet de la parallaxe* (1) pour
ce lieu-là.

Je fuppofe que dans deux lieux différemment fitués fur
notre globe, on ait obfervé la durée du paffage de Vénus fur
le difque du Soleil. Ces deux durées apparentes différeront
l'une plus ou moins que l'autre (2) de la durée véritable qui
a eu lieu au centre de la Terre. Mais de combien chacune
en differe-t-elle? D'une quantité inconnue, qui dépend de
la parallaxe que nous ne connoiffons pas non plus, & que
nous cherchons. Or, pour parvenir à déterminer cette
parallaxe, fuppofons-la un moment connue (3), & d'a-

Par la durée du paffage.

---

(1) Je devois dire *des parallaxes;* car la parallaxe du Soleil & celle
de Vénus fe combinent ici enfemble : mais comme elles agiffent
toutes deux dans le même fens, que d'ailleurs elles font abfolument
dépendantes l'une de l'autre, je confidere ici leur effet total.

(2) Il eft avantageux qu'elles different auffi l'une de l'autre le plus
qu'il eft poffible, comme nous le dirons plus bas.

(3) Cette méthode indirecte de fauffe pofition eft d'un fréquent ufage dans l'Aftronomie, où l'on a fouvent à réfoudre des
problèmes de l'efpece de celui-ci. M. du Séjour, l'un de nos Confreres,
lequel eft en poffeffion d'une analyfe fine & délicate qu'il a appliquée
fi heureufement à la théorie des éclipfes, a déja réfolu rigoureufe-
ment nombre de ces problèmes. Au moyen des formules qu'il a conftruites, toutes les queftions de ce genre fe trouveront réfolues d'une
maniere directe. Nous ne pouvons que defirer avec empreffement
la fuite de fon travail, & le développement de toutes les méthodes
qu'il nous promet, & qui fourniront un cours complet d'Aftronomie analytique, matiere abfolument neuve.

Il faut fuppofer connue la parallaxe du Soleil & celle de Vénus;
mais cela ne fait qu'une fuppofition, parceque ces deux parallaxes
ont un rapport connu entre elles : qui fuppofe l'une, fuppofe l'autre.
Par exemple, fi l'on fuppofe la parallaxe du Soleil de 9″, celle de
Vénus en conjonction doit être de 31″,6.

près cette suppofition, calculons l'effet qu'elle a dû produire fur la durée obfervée dans chaque lieu. Si notre fuppofition eft bonne, elle nous donnera la vraie quantité dont la véritable parallaxe a rendu dans chaque lieu la durée obfervée différente de la véritable; corrigeant donc de cette quantité chaque durée obfervée, elle fera réduite à la durée véritable, qui doit fe trouver la même de part & d'autre, & pour tous les lieux quelconques; finon recommencez une autre fuppofition jufqu'à ce que les durées obfervées, corrigées de l'effet de la parallaxe, donnent toutes la même quantité pour la durée vue du centre de la Terre. Alors la parallaxe de Vénus & du Soleil, employée dans cette derniere fuppofition, fera la parallaxe cherchée.

L'on peut encore déduire la parallaxe de la fimple obfervation d'un même contact, foit de l'entrée, foit de la fortie, déterminée dans plufieurs endroits, dont la différence de longitude eft parfaitement connue. En effet, fi Vénus & le Soleil n'avoient aucune parallaxe, leurs contacts feroient dans le cas des éclipfes de Lune, ou des Satellites de Jupiter, c'eft-à-dire qu'ils arriveroient & feroient vifibles dans le même inftant pour tous les lieux de la Terre ; de forte que les heures de l'obfervation ne différeroient uniquement que de la différence de longitude des Obfervateurs. Si donc, par une fuppofition & un procédé femblables à ceux de la méthode précédente, vous dépouillez de l'effet de la parallaxe, l'obfervation du contact faite dans chaque lieu, vous aurez les heures de chaque contact vrai (1); lefquelles, fi la fuppofition eft bonne, ne doivent plus différer entre elles que de la quantité dont les lieux de l'obfervation different en longitude.

En faifant à-peu-près le même raifonnement, on verra

Par un des contacts.

____

(1) Nous appellons contacts vrais ceux qui ont lieu pour le centre de la Terre.

que la parallaxe peut également fe déduire de l'obfervation
de la plus courte diftance des centres de Vénus & du Soleil. En effet, cette plus courte diftance ne feroit-elle pas
la même pour tous les lieux de la Terre, fi Vénus & le
Soleil n'avoient aucune parallaxe ? Otez donc de chaque
plus courte diftance obfervée, l'effet de la parallaxe ; &
fi votre fuppofition eft bonne, les diftances apparentes
ainfi réduites à la plus courte diftance véritable, doivent
fe trouver toutes égales.

L'on fent parfaitement qu'il eft avantageux, pour la fûreté
de toutes ces méthodes, d'avoir des obfervations du paffage de Vénus faites dans beaucoup d'endroits où l'effet des
parallaxes foit oppofé & le plus différent qu'il eft poffible ;
car alors on ne pourra pas douter que la fuppofition qui
fera vérifiée avec fuccès fur toutes ces obfervations,
ne donne la véritable parallaxe du Soleil cherchée.

Tels font les différents moyens que nous offre un paffage de Vénus pour déterminer avec précifion la parallaxe du Soleil. Avant M. Halley, perfonne n'avoit ima-
giné que l'on pût employer auffi avantageufement ce
phénomene. Ce n'eft pas que la remarque fût bien difficile à faire, mais c'eft ainfi que les chofes, même les plus
fimples, demandent fouvent, pour être apperçues, le coup
d'œil de l'homme de génie. Vénus avoit déja paffé en
1639 fur le difque du Soleil, mais on n'en avoit fu tirer
aucun fruit. Ce ne fut que vers 1678 que l'idée heureufe
d'appliquer ce phénomene à la recherche de la parallaxe,
vint à l'efprit de l'illuftre Aftronome Anglois. Il recon-
nut dès-lors que fi l'on pouvoit, dans deux lieux choifis
& fort éloignés l'un de l'autre, obferver, à une feconde
près, l'intervalle de temps écoulé entre les deux contaéts
intérieurs de Vénus & du Soleil, on en concluroit la
parallaxe à un cinq-centieme près. Une pareille précifion eût été certainement bien au-deffus de celle que l'on
pouvoit attendre des autres méthodes employées jufques-
là, & peut-être de toutes celles que l'on pouvoit imaginer.

Dominique

Dominique Caſſini, qui étoit alors fort occupé de déter-miner la parallaxe du Soleil par les aſcenſions droites & les déclinaiſons de Mars, ne ſe flattoit pas à beaucoup près d'une ſi grande préciſion dans ſes réſultats. Il ſen-toit parfaitement, & l'éprouvoit nombre de fois, qu'il falloit d'excellents inſtruments, une attention extrême, & la plus grande habileté de la part de l'Obſervateur, pour obtenir ſeulement quelque accord dans les réſultats. Rien au contraire ne devoit être plus facile à faire, & plus ſuſceptible d'exactitude, que l'obſervation du paſſage de Vénus. Nous avouerons cependant, & l'expérience le montrera bientôt, qu'il étoit preſque impoſſible d'at-teindre tout-à-fait à la préciſion dont s'étoit flatté M. Hal-ley. Cet Aſtronome ſuppoſoit dans l'obſervation une juſ-teſſe, pour ainſi dire, imaginaire. Mais en réduiſant l'ap-proximation à un centieme près, nous pourrons encore nous féliciter de jouir d'une méthode qui donne l'égard de la parallaxe, une préciſion inconnue juſqu'alors dans l'Aſtronomie.

La parallaxe peut ſe déter-miner, à un centieme près, par l'obſerva-tion du paſſage de Vénus.

L'idée ingénieuſe de M. Halley, la méthode qu'il pro-poſoit de ſuivre, ne furent bien développées que dans un Mémoire qu'il compoſa en 1716 (1). Il y aſſigna les lieux de la Terre les plus favorables pour l'obſervation du paſſage de Vénus en 1761, & fixa toutes les circonſtances de ce phénomene. M. Halley avoit alors 60 ans. Quel regret ſenſible n'étoit-ce pas pour lui, en ſongeant qu'il ne pouvoit ſe flatter de faire lui-même cette obſervation curieuſe, & d'en partager les fruits qui lui appartenoient en quelque ſorte! Si quelqu'un a plus de raiſon que les autres hommes de s'appercevoir & de ſe plaindre de la courte durée de la vie, c'eſt ſans doute l'Aſtronome. Ses yeux, pénétrant dans l'avenir, découvrent & pré-voient des obſervations curieuſes & importantes;

____

(1) Voyez *Tranſ. Philoſoph.* pag. 454.

R

mais le terme de sa vie est une barriere qui s'éleve entre ces phénomenes & lui, & qui lui ôtent tout espoir d'en être le témoin.

Nous ne dissimulerons pas que M. Halley se trompa dans quelques positions qu'il jugeoit favorables à l'observation, & qui ne l'étoient point. Une erreur dans son calcul & dans les éléments qu'il adopta l'égara absolument: mais cette erreur ne fut relevée qu'environ quarante ans après.

L'Académie Royale des Sciences examine quels sont les voyages les plus utiles pour l'observation du passage de Vénus.

Pendant les dernieres années qui précéderent celle du passage de Vénus, l'Académie Royale des Sciences s'occupa avec la derniere activité de ce phénomene prochain. Assurée des secours du Gouvernement, invitée même par lui à examiner quels seroient les voyages les plus utiles à entreprendre pour en préparer la réussite, elle agitoit sans cesse dans ses assemblées toutes les questions & les recherches relatives à cet objet. M. de Lisle, l'un de ses plus illustres Membres, dont nous regrettons encore aujourd'hui la perte, exécuta alors le projet ingénieux, dont le passage de Mercure lui avoit donné l'idée en 1753, de faire voir d'un seul coup d'œil tous les endroits où l'on pourroit observer le passage de Vénus, & de faire juger en même temps du plus ou du moins d'avantage de la position de chaque lieu. Il construisit à cet effet une mappemonde

Mappemonde de M. de Lisle. Il propose la méthode de déterminer la parallaxe par les seuls contacts.

sur laquelle on voyoit, au moyen de cercles qu'il y avoit tracés, l'heure à laquelle chaque lieu de la Terre devoit voir l'entrée & la sortie de Vénus sur le disque du Soleil. Ce travail donna occasion à M. de Lisle de relever l'erreur de M. Halley, & de s'appercevoir que la Baie d'Hudson, & d'autres endroits prescrits par l'Astronome Anglois, n'étoient nullement favorables. Je renvoie absolument le Lecteur à cette mappemonde curieuse, publiée au mois d'Août 1760, ainsi qu'à l'excellent Mémoire où M. de Lisle proposa de déterminer la parallaxe du Soleil par la simple observation des contacts, comme je l'ai expliqué ci-dessus. Cette méthode a l'avantage de pouvoir être employée dans un plus grand nombre d'endroits que celle de M. Halley. En effet, entre tous les lieux où il étoit possible de se rendre, il y en avoit très peu où l'observation de la durée entiere pût être faite, mais beaucoup où quelqu'un des contacts devoit avoir lieu. Il est vrai que la méthode de M. de Lisle supposoit une connoissance parfaite de la longitude de chaque observatoire ; mais cette connoissance ne peut-elle pas toujours s'acquérir soit dans un moment, soit dans l'autre ? De plus, on pouvoit se procurer de plus grandes différences dans les observations des contacts que dans celles de la durée, comme le montroit la mappemonde de M. de Lisle. Deux Observateurs placés, l'un à la Mecque, l'autre à l'isle de Pâques (1), pouvoient avoir 17′ de différence dans l'entrée de Vénus. Une pareille différence devoit avoir lieu dans la sortie observée d'une part au Kamtschatka, de l'autre au cap des Terres Australes. Cette même sortie devoit aussi différer de 12′ à Tobolsk & à l'isle de Sainte-Hélene. Il n'étoit pas facile, à la vérité, de se transporter dans plusieurs de ces endroits ; mais on pouvoit en choisir d'autres intermédiaires où l'on eût à-peu près les mêmes avantages. C'est ce dont on s'occupa beaucoup dans le courant de l'année 1760. L'Académie nomma des Commissaires pour concerter entre eux les lieux où l'on pourroit concilier d'un côté l'avantage de l'observation, & de l'autre la facilité d'y aborder & la commodité de s'y établir. Le choix des lieux une fois réglé, l'on n'étoit pas embarrassé de trouver des Astronomes qui voulussent s'y rendre. Un corps tel que l'Académie ne manque jamais de Sujets prêts à se dévouer pour le progrès des Sciences & la gloire de la Nation. Il n'est aucun Académicien dont le zele ne soit capable de

---

(1) Cette isle est située vers le milieu de la Mer du Sud, sous le tropique du Capricorne.

tout, chaque fois qu'il est question de se rendre utile : & le choix que la Compagnie fait alors d'un de ses Membres pour exécuter une entreprise même pénible, devient pour lui une préférence flatteuse & honorable. La gloire de l'Académie Royale des Sciences se trouva principalement intéressée dans cette occasion, par un événement qui fut en même temps pour la Nation un témoignage & un hommage flatteur de l'estime que les Étrangers ne peuvent lui refuser. L'Académie Impériale de Pétersbourg eut recours à notre Académie, & lui demanda un de ses Membres pour venir sous les auspices de l'Impératrice observer le passage de Vénus dans tel lieu de l'Empire que l'on croiroit le plus favorablement situé. On peut juger de l'empressement de l'Académie à répondre à une pareille confiance. Après avoir examiné tous les lieux de la Russie où l'on pourroit aller faire l'observation, l'Académie se décida pour la ville de Tobolsk, capitale de la Sibérie ; & le choix d'un Observateur tomba sur M. Chappe d'Auteroche, jeune Astronome dont les talents ne pouvoient être surpassés que par le zele, & qui y réunissoit un tempérament robuste, propre à résister à un voyage aussi pénible.

Pour tirer de l'observation de Tobolsk tout le fruit que l'on pouvoit en espérer, il falloit se procurer d'autres observations correspondantes, & en conséquence entreprendre encore d'autres voyages. Celui des Indes étoit déja arrêté : M. le Gentil, à qui la commission en avoit été confiée, vu l'éloignement de sa destination, avoit pris les devants, & étoit parti dès l'année 1760 pour Pondichéry. L'observation qu'il comptoit y faire étoit curieuse & intéressante, il devoit y voir la durée entiere du passage & le milieu arriver presque au zénith. Les Anglois de leur côté se disposoient à envoyer à l'isle de Sainte-Hélene. Ces différents lieux, à la vérité, devoient servir de terme de comparaison avec Tobolsk ; mais, comme nous l'avons déja dit, on ne pouvoit trop multiplier les obſervations ; l'on eût été condamnable de négliger les ſituations les plus avantageuſes, & de ne point profiter de la bonne volonté & du zele du Gouvernement qui ne demandoit pas mieux que de ſe prêter à tout ce qui pouvoit être utile relativement à l'objet du paſſage de Vénus. En conſéquence, M. de la Lande lut à l'Académie un Mémoire dans lequel il inſiſta beaucoup ſur l'avantage conſidérable d'envoyer un Obſervateur ſur la côte occidentale de l'Afrique, communément appellée *la côte de Cafrerie*. Dans cette poſition on devoit obtenir l'obſervation la plus concluante, celle qui devoit faire face à toutes les autres, & dont l'obſervation même de Tobolsk tiroit preſque toute ſon importance. M. Pingré, ſi connu par ſes travaux aſtronomiques, & par un zele intrépide dont il a donné des preuves à l'Académie par tant de voyages, s'offrit alors pour ſe rendre dans tel lieu que l'on jugeroit à propos. Bien des conſidérations détournerent cependant de la côte de Cafrerie malgré les avantages que l'on s'y promettoit ; & enfin, après bien des diſcuſſions & un mûr examen, on ſe décida pour une des iſles de l'Océan Ethiopique, appellée *l'iſle Rodrigue*. On devoit y voir l'entrée & la ſortie de Vénus ; avantage que n'offroit point la côte d'Afrique.

Enfin d'un autre côté, mon pere, chargé par M. le Duc de Choiſeul de tracer une perpendiculaire à la méridienne qui traverſât l'Allemagne juſqu'à Vienne, devoit profiter de cette occaſion pour aller faire dans cette ville impériale l'obſervation du paſſage de Vénus, conjointement avec le Pere Hell, habile Obſervateur Allemand.

Tels furent les différents voyages projettés par les Membres de l'Académie. Nous allons dire un mot de leur exécution.

M. le Gentil partit des côtes de France le 26 Mars 1760, & arriva le 10 Juillet à l'iſle de France. La guerre allumée alors entre la France & l'Angleterre ne lui permettant pas de ſe rendre à Pondichéry, il réſolut de s'établir à l'iſle Rodrigue. Comme il étoit près d'exé-

M. le Gentil part pour les Indes, où il doit obſerver le paſſage de Vénus.

cuter ce projet, on fut obligé d’envoyer de l’ifle de France une frégate à la côte de Coromandel : cette occafion étoit trop favorable pour ne pas en profiter. M. le Gentil s’embarqua fur cette frégate le 11 Mars 1761. Les calmes furent la moindre contrariété que ce vaiffeau éprouva. Arrivés à la côte de Malabar le 24 Mai devant la ville de Mahée, nos voyageurs trouverent les Anglois maîtres de cette place, & apprirent qu’ils l’étoient auffi de Pondichéry : une prompte fuite fut la feule reffource de la frégate Françoife. Il ne fallut plus penfer à la côte de Coromandel, &, au grand regret de notre Académicien, on réfolut de retourner à l’ifle de France. Le jour de l’obfervation arriva dans l’intervalle de ce trajet. M. le Gentil eut la douleur de fe trouver en mer le 6 Juin par 87° de longitude environ à l’eft de Paris, & 5° 45′ de latitude auftrale. Les circonftances d’un ciel pur & ferein ajouterent encore à fes regrets. Il obferva, auffi-bien qu’on peut le faire de deffus un vaiffeau, l’entrée & la fortie ; mais on fent parfaitement qu’une telle obfervation ne peut être d’aucun ufage.

M. Chappe partit de Paris à la fin de Novembre 1760 : il parvint aifément à Pétersbourg ; mais ce ne fut qu’après une route affreufe, incommode, & même dangereufe pendant l’efpace de près de cinq cents lieues, qu’il fe rendit à Tobolsk, lieu de fa deftination (1). Il y arriva le 10 Avril, & eut tout le temps néceffaire pour fe préparer à l’obfervation du 6 Juin. En attendant il détermina très exactement la latitude de Tobolsk, de 58° 12′ 18 à 22″. Il obferva quelques phafes de l’éclipfe de Lune du 18 Mai, dont le mauvais temps empêcha de

M. Chappe va à Tobolsk.

---

(1) On peut voir les détails curieux de ce Voyage dans le fuperbe Ouvrage que M. Chappe a fait imprimer à ce fujet, intitulé : *Voyage en Sibérie, fait par ordre du Roi en 1761, contenant les mœurs, les ufages des Ruffes, en 3 vol. in-4°. 1 vol. de Cartes. Chez Debure pere, quai des Auguftins.*

voir les principales circonſtances. Il fut un peu plus heureux pour l'éclipſe de Soleil qui eut lieu trois jours avant
le paſſage de Vénus. Il détermina très exactement la
fin de cette éclipſe le 3 Juin à 6ʰ 11′ 8″ temps vrai. Le
paſſage de Vénus arriva enfin ; on en verra les principales
phaſes dans la Table ſuivante, qui comprend auſſi celles
qui ont été obſervées dans tous les autres endroits du
globe. Je ne parlerai donc ici que de quelques circonſtances dont cette Table n'a pu faire mention. M. Chappe
employa une lunette de Campagni de 19ᵖⁱᵉᵈˢ, l'oculaire
avoit 1ᵖᵒᵘᶜᵉ 9ˡⁱᵍⁿᵉˢ de foyer, & il eſtime que cette lunette
devoit faire l'effet d'une lunette de 35ᵖⁱᵉᵈˢ dont l'oculaire
ſeroit de 3ᵖᵒᵘᶜᵉˢ de foyer. Le premier contact de l'entrée
ne fut point viſible à cauſe des nuages ; mais l'entrée totale, ainſi que les deux contacts de la ſortie, furent obſervés parfaitement. L'obſervation de M. Chappe fut accompagnée d'une circonſtance aſſez ſinguliere : à l'entrée
& à la ſortie de Vénus, la partie de ſon diſque qui n'é-
toit pas encore, ou celle qui n'étoit plus ſur le diſque
du Soleil, étoit viſible & environnée d'une eſpece d'anneau lumineux, en forme de croiſſant. Nous parlerons
ci-après de cette apparence avec plus de détail. Il ſuffit
de dire ici que M. Chappe, à cauſe de l'apparence
de cet anneau, eſtima le vrai contact intérieur de la ſortie trois ſecondes plutôt que le contact de la partie ob-
ſcure. Il meſura auſſi avec différentes lunettes le diametre
de Vénus dans le courant du paſſage, & le détermina
depuis 57″ ½ juſqu'à 64″. La différence entre ces diametres
ne peut avoir été produite, dit cet Aſtronome, que par
l'apparence de l'anneau lumineux. Voilà en peu de mots
le précis du Voyage & des Obſervations de M. Chappe ;
nous allons bientôt en rapporter le réſultat.

M. Pingré partit en 1761, & arriva à Rodrigue au mois
de Mai. Il trouva peu de reſſources & de commodités dans
un lieu qui n'eſt habité que par quelques Noirs, ſous la con-
duite d'un ſeul Officier. M. Pingré fut obligé d'avoir ſon ob-

M. Pingré ſe
rend à l'iſle
Rodrigue.

fervatoire en plein air. Il n'y avoit dans l'ifle ni Maçons ni Menuifiers pour lui en conftruire un plus folide & moins expofé. A peine trouva t-il le moyen de mettre fa pendule à l'abri du vent. Il fallut toute l'adreffe & la conftance de cet Aftronome pour réuffir à obferver dans un lieu fi incommode, où les inftruments étoient à chaque inftant expofés à être renverfés ou dérangés par de fréquentes bouffées de vent. Malgré tous ces obftacles la multiplicité & l'accord des obfervations de M. Pingré ne laiffent rien à defirer. Par un milieu entre quarante obfervations il détermina la latitude de Rodrigue de 19° 40′ 40″. Ayant à cœur de déterminer auffi la longitude de fon obfervatoire avec toute la précifion qu'il étoit poffible d'obtenir, il ne fe contenta pas de l'obfervation des Satellites de Jupiter, il en fit un grand nombre d'occultations de fixes par la Lune, & de diftances à cette planete; & après la difcuffion la plus délicate, les calculs les plus laborieux, en un mot, après un travail que lui feul étoit capable d'entreprendre, il détermina la longitude de Rodrigue de 4ʰ 3′ 26″. Le mauvais temps empêcha M. Pingré de voir l'entrée de Vénus; cette planete étoit déja entiérement fur le difque du Soleil lorfque le ciel fe découvrit. Notre Aftronome s'en dédommagea en déterminant pendant le courant du paffage plus de 60 diftances des bords de Vénus & du Soleil, d'où il conclut la plus courte diftance des centres de 9′ 21″, 69. Le contact intérieur de la fortie fut obfervé très exactement. En effet, M. Thuilier, qui obfervoit avec M. Pingré, l'a déterminé dans la même feconde, Quant au contact extérieur, il paroît un peu douteux, l'interpofition d'un nuage jetta quelque incertitude fur le vrai moment de cette derniere phafe. La lunette dont fe fervit M. Pingré avoit 18^{pieds}; elle étoit de la façon du fieur George.

Mon pere fit l'obfervation du paffage de Vénus à Vienne dans l'obfervatoire des Jéfuites, conjointement avec le Pere Liefganigg. Son Alteffe Séréniffime l'Archiduc Jofeph les honora

M. Caffini de Thury va à Vienne.

honora de fa préfence. Le temps ne fut pas des plus favorables. Quelques intervalles à travers les nuages permi-
rent cependant de faire plufieurs obfervations de diftance,
& celle du contact.

Telles font les obfervations dont nous avons eu le
plus de détails, & qui nous touchoient le plus particuliérement. Je ne m'arrêterai point à toutes les autres non
moins intéreffantes qui ont été faites à Stockolm, à Ca-
jannebourg, à Upfal, à Tornéa, au cap de Bonne-Ef-
pérance, & en mille autres endroits. La Table fuivante
expofera fuffifamment tout ce qu'il eft effentiel d'en
connoître. J'ai cru qu'il feroit agréable au Lecteur d'y
trouver raffemblées toutes les obfervations du paffage de
Vénus de 1761, faites dans les différentes parties du
globe. J'y ai du moins renfermé toutes celles qui font
parvenues à ma connoiffance.

TABLE générale des Obfervations du paffage de Vénus fur le difque du Soleil, le 6 Juin 1761.

Noms des Lieux.	Obfervateurs.	Longitude orientale — occident. +			Latitude.			SORTIE DE VÉNUS. 1ʳ contact.			2ᵈ contact.			
	Meffieurs.	H.	M.	S.	D.	M.	S.	H.	M.	S.	H.	M.	S.	
A Paris, l'Ob-fervatoire Royal.	{ Maraldi.	0	0	0	48	50	14	8	28	42	8	46	54	Lunette de 18 pieds.
	{ Belleri.							8	28	14	8	46	40	Lunette de 6 pieds.
Luxembourg. . . .	La Lande.							8	28	25 $\frac{1}{2}$	8	46	50	Lunette de 18 pieds.
Collège de Louis-le-Grand.	{ R. P. Merville.							8	28	40	8	47	4	Télefcope de 6 pouces.
	{ R. P. Clouet.							8	28	26	8	46	55	Télefcope de 32 pouc.
	⌐ Meffier.							8	28	30	8	46	37	Télefcope de 5 pieds.
Hôtel de Cluny. .	{ Libour.							8	28	31	8	46	43	Télefc. Newt. 4 pi. $\frac{1}{2}$
	{ Joly.							8	28	38	8	46	32	Lunette de 18 pieds.
	⌐ Baudouin.										8	46	46	Lunette de 25 pieds.
Ecole Militaire. . .	ǀ Jeaurat.	+	0	0	8						8	46	46	Lunette de 18 pieds.

S

Suite de la Table.

Noms des Lieux.	Observateurs. Messieurs.	Longitude orientale — occident. + (H. M. S.)	Latitude. (D. M. S.)	Sortie de Vénus. 1er contact. (H. M. S.)	2d contact. (H. M. S.)	
Conflans-sous-Carriere.	La Caille.	— 0 0 26	48 49 21	8 28 54	8 47 6½	Lunette de 15 pieds.
La Muette. . . . . { Fouchy.	Fouchy.			. . .	8 46 26	Télescope de 4 pieds.
{ Ferner.	Ferner.	+ 0 0 14½	48 51 45	8 28 15	8 46 27	Télesc. Grég. 18 pou.
Saint-Hubert. . . .	Le Monnier.	+ 0 1 57	48 43 25	8 26 23	8 44 51½	Lunette de 18 pieds.
Lyon.	R. P. Beraud.	— 0 9 59	45 45 51	8 38 44	8 56 56	Lunette de 19 pieds.
Orléans.	Jousse.	+ 0 1 43	47 54 4	8 26 20	8 44 20	Lunette de 12 pieds.
Châlons.	Lestrés.	— 0 8 9	48 57 10	8 35 10	8 52 59	Télesc. de 16 pouces.
Vire.	Gaultier.	+ 0 8 56	48 50 15	8 15 5	8 33 27	
Bourdeaux.	Desmarets.	+ 0 11 39	44 50 18	8 17 21¼	8 35 39½	
Greenwich.	Bliss.	+ 0 9 16	51 28 40	8 19 0	8 37 9	Lunette de 15 pieds.
Saville-House. . .	Short.	+ 0 9 46	51 30 50	8 18 21½	8 37 5½	Télesc. de 24 pouces.
Spithal-Square. . .	Cantons.	+ 0 9 32	51 31 15	8 18 41½	8 37 4	Télesc. de 18 pouces.
Shirburn.	Hornsby.	+ 0 13 17	51 39 22	8 15 10	8 33 17	Lunette de 12 pieds.
Hakney.	Dollond.	+ 0 9 27	51 33 5	8 18 45	8 37 3	Télescope de 2 pieds.
Leskeard.	Haydon.	+ 0 26 43	50 26 55	8 0 20	8 19 23	Télesc. de 18 pouces.
Vienne. . . . . . . { R. P. Hell.	R. P. Hell.	. . .	. . .	. . .	9 43 15	Télesc. Newt. 4 pi. ½
{ R. P. Liesganig.	R. P. Liesganig.	— 0 56 10	48 11 32	. . .	9 42 51	Lunette de 11 pieds.
{ Cassini de Thury.	Cassini de Thury.	. . .	. . .	. . .	9 42 49	Lunette de 18 pieds.
Wezlas.	Ehrmans.	— 0 52 0	48 36 30	9 20 48	9 38 50	Télescope de 4 pied.
Ingolstadt	Kratz.	— 0 36 10	48 45 45	9 4 59½	9 23 4½	Télescope de 6 pieds.
Monaco		— 0 36 50	48 9 55	9 5 46	9 23 48	Lunette de 3 pieds ½.
Vurtzbourg	R. P. Hubert.	— 0 31 35	49 46 6	9 1 12	9 18 49	Télesc. de 2 pieds ½.
Schwesingen . . .	R. P. Mayer.	— 0 24 35	49 21 0	8 53 35		Lunette de 10 pieds.
Dillingen	R. P. Hauzer.	— 0 31 38	48 30 6	9 0 20	9 18 20	Lunette de 18 pieds.
Gottingen	Mayer.	— 0 30 11	51 31 54	8 58 26	9 16 24	Lunette de 12 pieds.
Laubac.	R. P. Schottl.	— 0 49 45	46 2 0	9 18 15	9 36 20	Lunette de 16 pieds.
Tirnau	R. P. Weiss.	— 1 0 55	48 23 30	9 29 9	9 47 36	Télesc. Newt. 4 pi.
Munich		— 0 36 50	48 9 55	9 5 46		
Bologne . . . . . . { Zanotti.	Zanotti.			9 4 34	9 22 30	Télescope 2 pieds ½.
{ R. P. Frizi.	R. P. Frizi.	— 0 36 5	44 29 36	9 4 54	9 22 53	Lunette de 6 pieds.
{ Cassali.	Cassali.			9 5 0	9 22 50	Lunette de 8 pieds.
Rome.	R. P. Audifredi.	— 0 40 42	41 53 54	9 9 36	9 28 7	
Florence.	R. P. Ximenez.	— 0 34 48	43 46 53	9 4 28	9 22 56	Télesc. Newt. 4 pi. ½
Madrid	R. P. Rieger.	+ 0 24 0	40 25 0	8 6 56	8 24 53	Télescope de 8 pieds.
Lisbonne.	Ciera.	+ 0 45 55	38 43 23	7 44 26		
Porto.	D'Alméida.	+ 0 45 40	40 43 0	7 44 5		
Selinginsk	Rumowski.	— 6 57 50	51 6 6	15 21 36½	15 39 42	Lunette de 15 pieds.
Naples.		— 0 47 12	40 50 15	9 16 55		
			Aust.			
Rodrigue	R. P. Pingré.	— 4 3 26	19 40 40	0 36 49		
Le cap de Bonne-Esp.	Mason.	— 1 4 15	33 55 15	9 39 52	9 57 23	
			Bor.			
Copenhague. . . .	Horrebow.	— 0 41 41	55 40 45	9 5 36	9 23 3	Lunette de 22 pieds.
Drontheim.	Bugge.	— 0 31 6	63 40 0	9 3 27	9 20 15	Lunette de 8 pieds.

Observations de la durée du passage de Vénus en 1761.

Noms des Lieux.	Observateurs.	ENTRÉE DE VÉNUS.		SORTIE DE VÉNUS.	
		Premier contact.	Second contact.	Premier contact.	Second contact.
	Messieurs.	H. M. S.	H. M. S.	H. M. S.	H. M. S.
Tobolsk. . .	L'Abbé Chappe.	18 42 8 $\frac{1}{2}$	19 0 30 $\frac{1}{4}$	24 49 20 $\frac{1}{2}$	25 7 42 $\frac{1}{4}$
Madras. . . .	Hirst.	19 31 10	19 47 55	25 39 38	25 55 44
Abo.		. . .	15 55 50	21 46 59	22 4 41 $\frac{1}{2}$
Cajannebourg.	Planman.	. . .	16 18 5	22 7 59	22 26 22
Stockolm. . .	{ Wargentin.	15 21 37	15 39 23	21 30 8	21 48 9
	Klingenstierne.	. . .	15 39 29	21 30 11	21 48 6
	{ Bergman.	. . .	15 37 43	21 28 9	21 46 30
Upsal. . . .	Stromer.	15 20 45	15 38 5	21 28 7	21 46 13
	Mallet.	. . .	15 37 56	21 28 3	21 46 29
Tornéa. . . .	{ Hellant.	15 45 51	16 4 0	21 54 9	22 12 22
	Lagerborn.	15 45 44	16 4 1	21 54 22	22 12 18
Pekin.	R. P. Droslier.	. . .	10 10 26,7	15 59 59,3	16 17 57,4
Calmar. . . .	Vykström.	. . .	15 33 1	21 23 40	
Hernosand. .	{ Strom.	15 20 40	15 38 35		21 46 47
	Gister.	. . .	15 38 26	21 29 21	21 46 40
Calcutta. . .	. . . .	8 11 35	8 24 40	14 15 55	14 52 0

Nota. Les titres qui sont à la tête de chaque colonne de cette table en facilitent assez l'intelligence pour nous exempter d'une plus longue explication ; mais il est bon d'avertir particuliérement le Lecteur que quoique les longitudes & latitudes de chaque ville que je rapporte ici soient celles qui passent pour les plus exactes & les plus récemment déterminées, néanmoins je ne les garantis en aucune façon, sur-tout celles des lieux où l'on avoit peu observé avant le passage de Vénus : on sait combien la longitude d'un lieu est difficile à établir parfaitement. Cet élément est pourtant essentiel pour tous les endroits où l'on n'a observé que la sortie. J'invite donc les Calculateurs qui voudroient entreprendre quelque travail sérieux sur le passage de Vénus, à commencer par discuter avec soin la longitude des lieux dont ils prendront les observations. Je préviens aussi qu'autant qu'il m'a été possible j'ai tiré les heures des contacts des meilleures sources imprimées que j'ai pu trouver, comme des Mémoires des Observateurs mêmes, ou de ceux qui les ont les premiers publiés ; il pourra se trouver néanmoins quelques différences entre les heures que je rapporte, & celles que l'on trouvera dans différents livres. Moi-même j'ai été plus d'une fois étonné dans mes recherches de voir différents Auteurs rapporter une même observation d'un même contact, à plusieurs secondes de différence. J'aurois bien désiré pouvoir marquer la force des lunettes, plus essentielle à connoître, que leur longueur. Je ne puis m'empêcher, à cette occasion, de reprocher à nombre d'Astronomes leur négligence à accompagner leurs observations de ces détails utiles. La plupart se contentent de dire : j'ai observé avec une lunette de telle longueur ; ils n'ignorent pas cependant que telle autre lunette de même longueur que la leur pourroit faire beaucoup plus ou moins d'effet. Enfin je n'ai point rapporté dans ma table plusieurs observations qui ont été reconnues mauvaises à n'en pouvoir douter, telles, par exemple, que celles de Tranquebar, de Pétersbourg, de Grandmont près Saint-Thomé, qu'aucun Astronome n'a cru devoir admettre. Ce n'est pas à dire pour cela que toute observation qui a pu être faite, & qui n'est point dans ma table, soit mauvaise ; il en est nombre de très bonnes qui ne sont point parvenues à ma conoissance, & que j'aurois été charmé de comprendre dans ma table.

Avant d'entrer dans l'examen des réfultats que l'on peut tirer des obfervations précédentes, il eft à propos de dire un mot fur quelques circonftances fingulieres qui ont accompagné le paffage de Vénus, & en particulier fur l'anneau lumineux dont quelques Obfervateurs virent la planete environnée. Le détail abrégé des obfervations de ce phénomene fingulier ne pourra qu'intéreffer le Lecteur, & remplir le but que nous nous fommes propofé de donner une idée de tout ce qui peut être intéreffant dans la matiere que nous traitons.

M. Chappe eft celui qui nous a donné de plus grands détails fur l'apparence de l'anneau lumineux. Deux minutes avant l'entrée totale il apperçut la partie du difque de Vénus qui n'étoit pas encore fur le Soleil, & remarqua autour une petite *atmofphere*, ou apparence lumineufe en forme *d'anneau*, tel que la figure 4ᵉ le repréfente. A la fortie, la même apparence fe repréfenta, mais plus fenfiblement: c'eft-à-dire environ quatre minutes après le contact intérieur, la partie auftrale (du difque de Vénus) déja fortie, & qui devoit par conféquent n'être plus vifible, parut encore ; elle étoit entourée d'un anneau lumineux, en forme de croiffant (*voyez fig.* 4). Cette apparence fe conferva pendant l'efpace d'environ 10′, & ce ne fut que quatre ou cinq minutes avant la fortie totale, que la partie auftrale extérieure de Vénus & l'anneau lumineux difparurent abfolument. Cet anneau, ou plutôt ce croiffant lumineux, parut à M. Chappe occuper un peu plus des deux tiers de la demi-circonférence de Vénus. Sa lumiere étoit d'un jaune très foncé auprès du corps de la planete, elle devenoit enfuite plus brillante vers la partie la plus éloignée du corps obfcur.

Dans le cours du paffage de Vénus fur le difque du Soleil, M. Chappe ne vit aucune apparence d'anneau ni d'atmofphere. Il penfa néanmoins, avec raifon, que ce croiffant devoit avoir parcouru le difque méridional de

Vénus dans l'intervalle des deux contacts. Cette conjecture fut en effet complettement vérifiée par une observation faite à Bourdeaux. M. Desmarets, un peu avant le milieu du passage (& par conséquent lorsque Vénus étoit entiérement sur le Soleil), apperçut la petite planete *éclairée en croissant qui occupoit environ les deux tiers de ses bords, & entammoit le disque, sans cependant que les vrais bords cessassent de paroître terminés. La partie la plus large du croissant étoit tournée vers le bord méridional du Soleil. Cette lueur, qui ressembloit,* dit M. Desmarets, *à celle qu'on apperçoit vers la réunion de deux doigts qu'on présente à la chandelle en les tenant serrés, s'affoiblit, & parut changer de position à mesure que Vénus changea de situation,* ainsi que le représente la figure 5e.

D'un autre côté, M. de Fouchy, qui observoit au château de la Muette, vit encore plus que M. Desmarets. Pendant toute la durée du passage il apperçut constamment autour de Vénus *une espece d'anneau entiérement formé, plus lumineux que le reste du Soleil, & qui alloit en diminuant à mesure qu'il s'éloignoit de la planete. Cette couronne paroissoit d'autant plus vive que le Soleil étoit plus découvert.*

Voilà les trois observations les plus positives par rapport à l'atmosphere lumineuse qui parut accompagner Vénus.

Ce que plusieurs autres Astronomes en observerent fut d'une apparence beaucoup moins sensible, mais cependant peut venir à l'appui des observations précédentes. En effet, à Stockolm, un peu avant l'immersion totale, & durant toute l'émersion, M. Wargentin vit *la partie de Vénus qui étoit hors du Soleil environnée d'un bord lumineux, foible, mais cependant sensible.* A Upsal, Messieurs Bergman, Melander, & autres, ont tous remarqué que *le bord de Vénus qui n'étoit pas encore entré dans le Soleil étoit ceint d'une lumiere foible, mais sensible, en forme d'anneau; de sorte que toute la rondeur de Vénus parut, les trois quarts de sa périphérie au dedans du Soleil, & le reste au dehors.* M. le Monnier, à Saint-Hubert, où il observoit en présence du Roi, vit, à la sortie, le disque entier de Vénus, quoiqu'il y en eût déja une partie hors du Soleil.

En voilà sans doute assez pour confirmer un phénomene singulier. S'il n'eût été vu que d'un ou deux Observateurs, & dans un seul lieu, on eût pu en attribuer l'apparence à quelque illusion optique ; mais l'observation a été trop générale pour que l'on puisse s'en prendre à l'effet des lunettes, ou à quelque autre cause accidentelle semblable. Rien de plus singulier, à la vérité, que les différents aspects qu'a présenté ce phénomene, selon les différents lieux. A Tobolsk, c'est un croissant lumineux qui ne paroît que hors du disque du Soleil. A Bourdeaux, au contraire, il n'est visible que sur ce disque. A la Muette, c'est un anneau tout entier, fort brillant pendant tout le passage. A Saint-Hubert, on ne voit de croissant lumineux qu'à la sortie & pendant toute la durée du passage. Les meilleurs Observateurs assurent n'en avoir pas vu la moindre apparence à Paris : il n'y eût que M. Maraldi à qui *Vénus parut environnée d'une lumiere rouge-pâle, qui finissoit insensiblement en jaune, & s'étendoit à un demi-diametre de Vénus. Cette lumiere étoit plus étendue le long du bord du Soleil pendant la sortie.* Mais M. Maraldi, ayant vu quelques jours après les mêmes couleurs & la même apparence autour du disque de Jupiter, pensa que la lumiere qu'il avoit remarquée autour de Vénus n'étoit qu'accidentelle, & causée par la fatigue de ses yeux.

Cet anneau lumineux annonceroit-il une atmosphere autour de Vénus, ou cette apparence ne viendroit-elle que de l'excès du diametre du Soleil sur celui de la petite planete ? C'est sur quoi on n'a encore rien conclu, que je sache, de bien certain, ni de satisfaisant. Je ne dois pas oublier une autre apparence qui fut observée à

Paris par M. de la Lande. Cet Astronome ne vit point d'anneau ni de croissant lumineux; mais à l'instant du premier contact de la sortie il vit très certainement comme *un point noir qui se détacha de Vénus, pour joindre le Soleil*, & c'est alors qu'il fixa le moment du contact intérieur. M. Ferner, qui observa à la Muette, M. Short à Londres, le Pere Rieger à Madrid, M. Bergman à Upsal, virent la même chose. Sans m'arrêter à former des conjectures, & à imaginer des hypotheses qui offrent la plupart du temps plus de doutes que de vraisemblance, je m'en tiens à la simple exposition des faits que je viens rapporter, & je me hâte de passer à un objet plus intéressant, celui du résultat de l'observation du passage, par rapport à la parallaxe du Soleil.

De toutes les observations du passage de Vénus faites en 1761, il n'en est aucune intéressante qui n'ait été discutée & calculée par quelque Astronome, & principalement par M. Pingré. Je ne puis donc mieux faire que de rapporter ici par extrait les principaux résultats qu'il en a tirés (1).

J'ai fait voir plus haut que l'observation du passage de Vénus offroit trois différents moyens de déterminer la parallaxe du Soleil; savoir, par la durée, par un même contact, & par la plus courte distance des centres. Dans la Table qui renferme toutes les observations qui nous sont parvenues, on ne trouve que huit endroits où l'observation de la durée ait été bien faite. Nous les avons rassemblés dans la Table suivante. L'on y voit aussi la parallaxe du Soleil qui résulte de chaque durée, comparée à celle de Tobolsk.

---

(1) Le Lecteur curieux d'entrer dans un plus grand détail sur cette matiere, doit lire en entier deux savants Mémoires de M. Pingré, imprimés l'un dans le volume de l'Académie année 1761, page 413; l'autre dans le vol. de l'année 1765, page 1.

Villes.	Durée observée.			Parallaxe horizontale du Soleil.
	H.	M.	S.	
Tobolsk. . . .	5	48	53 $\frac{1}{4}$	
Stockolm. . . .	5	50	43 $\frac{1}{2}$	10,″60
Cajannebourg.	5	49	54	9, 9
Upsal.	5	50	26	8, 94
Tornéa. . . .	5	50	9	10, 44
Pékin.	5	49	32,6	10, 1
Madras. . . .	5	51	43	9, 5
Calmar. . . .	5	50	39	9, 5

Ces observations seroient certainement suffisantes, &
la véritable parallaxe du Soleil en seroit parfaitement
déduite, si les Observateurs eussent été plus avantageu-
sement placés : mais, comme on le voit par la Table,
toutes les durées observées different à peine entre elles
de trois minutes de la plus petite à la plus grande : aussi
ne trouve-t-on pas dans les résultats l'accord parfait que
l'on pouvoit espérer. Nous ne pouvons donc nous flatter
d'obtenir, par l'observation de la durée du passage de 1761,
toute la précision que l'on s'étoit promise dans la détermination de la parallaxe par une méthode rigoureuse, mais
dont le malheur des circonstances nous a empêchés de tirer
tout le fruit possible, ayant été privés des observations les
plus favorables, telles que celles des Indes, de l'isle
Rodrigue, de Sainte-Hélène, & d'autres lieux.

Il faut donc avoir recours aux observations du contact
qui

des Tranfactions Philofophiques. M. Short y difcutant fort au long la même matiere que M. Pingré, prétendit établir un réfultat différent, en employant cependant les mêmes méthodes que l'Aftronome François, & fe fervant en apparence des mêmes obfervations, fans excepter celle de Rodrigue. Toutes les combinaifons & tous les calculs de M. Short donnoient, avec un accord fingulier, 8″,56 pour la parallaxe du Soleil. Il eft vrai que M. Short s'étoit permis de corriger à fa commodité l'obfervation de M. Pingré ; en ajoutant une minute à l'heure du fecond contact intérieur, il trouvoit le moyen de faire tout cadrer. M. Short eut-il tort ou raifon de hafarder cette altération dans une des données principales? L'événement, il faut l'avouer, vient de prononcer en fa faveur (1): mais l'on doit auffi convenir que M. Pingré eut quelques droits de fe plaindre alors. Puifqu'il perfiftoit à foutenir l'exactitude de fon obfervation, on devoit, ou s'en fervir telle qu'il la donnoit, ou n'en faire aucun ufage. Il deviendroit dangereux que l'on fe permît ainfi de faire des corrections à une obfervation en vue de parvenir à un réfultat connu & fixé d'avance. M. Pingré accufa de plus M. Short d'avoir ufé d'une femblable infidélité à l'égard de plufieurs autres obfervations, d'avoir changé fans fondement la longitude de différents lieux ; en un mot, d'avoir eu pour but, moins la recherche de la vérité, que la confirmation d'un fyftême adopté. Il oppofoit à M. Short les recherches de M. Hornsby, fon compatriote, dont les calculs s'accordoient à fixer la parallaxe du Soleil à 9″,7. Je n'entrerai pas plus avant dans cette difcuffion, on peut s'en inftruire plus au long dans le Mémoire que M. Pingré lut en

MM. Short & Pingré trouvent une parallaxe du Soleil différente.

---

(1) Par le paffage de 1769 on a reconnu que la parallaxe du Soleil étoit effectivement de 8″ ½, telle que M. Short l'avoit déterminée par le paffage de 1761.

1763 à l'Académie, mais qui ne fut imprimé que dans le volume de 1765. C'eſt aſſez long-temps nous arrêter ſur un objet qui n'offre à chaque pas que de nouvelles incertitudes.

Indéciſion ſur le réſultat du paſſage de 1761.

Le réſultat du paſſage de 1761 ſe réduiſit donc, j'oſe le dire, à nous rendre plus indécis qu'auparavant. La parallaxe du Soleil étoit fixée entre $9'' \frac{1}{2}$ & $10'' \frac{1}{3}$. Le paſſage de Vénus étendit les bornes de cette variation depuis $8'' \frac{1}{2}$ juſqu'à $10'' \frac{1}{2}$ (1). C'eſt ainſi que les ſpéculations de la théorie ne ſe trouvent que trop ſouvent démenties par la pratique. L'on ſe vit en effet bien éloigné d'avoir obtenu la préciſion annoncée par M. Halley.

On ſe diſpoſe au paſſage de 1769. Avantages de ce dernier paſſage.

On eût eu lieu ſans doute d'être inconſolable de la perte d'une pareille occaſion, ſi elle n'eût dû ſe renouveller huit années après. Mais le paſſage de 1769 nous laiſſoit l'eſpérance du dédommagement, & devenoit d'autant plus précieux que c'étoit le dernier phénomene de cette eſpece, dont notre génération pût ſe flatter d'être témoin (2). L'obſervation en devoit être mieux faite par les mêmes Obſervateurs que le paſſage de 1761 avoit déja exercés ; enfin les réſultats devoient être plus exacts & plus concluants, vu les circonſtances particulieres, plus favorables dans ce dernier paſſage que dans l'autre (3). Auſſi réſolut-on de ne négliger aucun des voyages que l'on pourroit juger utiles, afin de ſe procurer

---

(1) Dans cette incertitude les Aſtronomes convinrent aſſez généralement d'adopter la parallaxe de $9''$, en attendant le réſultat du paſſage de 1769.

(2) Le paſſage de Vénus le plus prochain n'aura lieu qu'en 1874.

(3) Un paſſage auſſi favorable que celui de 1769 n'aura pas lieu d'ici à long-temps. Ceux de 1874 & 1882 arriveront au mois de Décembre, ſaiſon ingrate pour les obſervations. D'ailleurs, pour en tirer tout le fruit poſſible, il faudroit pénétrer dans le Sud juſqu'au cercle polaire, & même au-delà. Dans le paſſage qui arrivera l'an 2004, la latitude de Vénus ne ſera pas aſſez grande, & l'effet

les observations les plus complettes. L'expérience est notre plus grand maître, le fruit de ses leçons nous indemnise du prix des années qu'elles nous coutent. Le principal but avoit été manqué en 1761 , faute d'avoir observé dans des lieux où les durées fussent assez différentes. Il étoit essentiel de ne pas tomber une seconde fois dans le même inconvénient.

M. de la Lande publia dès l'année 1764 une Mappemonde semblable à celle que M. de Lisle avoit dressée pour le passage de 1761. M. Pingré fit aussi imprimer un Mémoire fort détaillé sur le choix & l'état des lieux où l'on pouvoit se rendre ; & M. Hornsby s'occupa aussi du même objet. Toutes ces recherches tendirent à démontrer combien il étoit essentiel de se transporter d'un côté vers le milieu de la Mer du Sud, de l'autre vers le pole boréal, au nord de la Laponie & du Kamtschatka. La Californie & le Mexique paroissoient aussi dans une position avantageuse pour l'observation de la durée. Dans la partie méridionale de l'Europe on ne devoit voir que la sortie ; & l'entrée seule devoit avoir lieu pour l'Amérique méridionale. Nous ne nous arrêterons pas à décrire ici tous les voyages qui furent entrepris en conséquence , ni à détailler toutes les observations qui furent faites sur la surface du globe : ce qu'il est essentiel d'en connoître se trouvera dans la Table générale qui va suivre bientôt. Il est cependant trois principaux voyages qui, par leur importance & l'utilité que l'on en a retirée, méritent d'être ici distingués : celui du R. P. Hell à l'isle de Wardhus , celui de M. Chappe à la Californie, & celui des Anglois à la Mer du Sud.

Il est inutile de faire connoître aux Savants le nom

Voyages indiqués pour 1769.

de la parallaxe sur les différentes durées du passage ne sera pas à beaucoup près aussi sensible qu'il doit l'être en 1769. Ce ne sera qu'en 2012 que le passage de Vénus sera à-peu-près aussi avantageux que celui de 1769. Mais en 2255, le 5 Juin, Vénus passera sur le Soleil avec des circonstances plus favorables que dans ce siecle-ci.

du Pere Hell. Cet Aſtronome fut invité à venir obſerver le paſſage de Vénus dans les Etats & aux frais du Roi de Danemarck. On avoit vu pareillement en 1761 la Ruſſie demander à la France un Aſtronome. Cette démarche avoit fait également honneur à l'une & à l'autre nation. Le choix du Souverain Danois ne pouvoit qu'être digne d'éloge dans cette occaſion. Le Pere Hell partit le 28 Avril 1768, accompagné du Pere Sainovics ſon confrere. Il arriva à Copenhague au mois de Juin, & après avoir traverſé la Laponie il ſe rendit à Wardhus le 11 Octobre 1768. C'eſt dans cet endroit qu'il s'établit pour faire l'obſervation du paſſage de Vénus. Ce phénomene étant encore éloigné, le Pere Hell eut tout le temps de s'y préparer, & de faire une moiſſon abondante d'obſervations de différente eſpece dont nous eſpérons voir un détail intéreſſant dans l'ouvrage conſidérable que nous promet ce Savant laborieux. Nous regrettons ſeulement qu'il ait rejetté dans le dernier volume, qui ne paroîtra qu'en 1774, les parties aſtronomiques, géographiques & phyſiques, parties qui nous intéreſſoient le plus. Nous avons vu, à la vérité, dans un petit imprimé les détails particuliers du paſſage de Vénus ſur le diſque du Soleil. Le R. P. Hell fut aidé dans cette obſervation par le Pere Sainovics & M. Borgrewing. Ces deux derniers Obſervateurs ſe chargerent d'obſerver le premier contact de l'entrée. Le Pere Hell, prévenu de l'impoſſibilité de fixer exactement cet inſtant, réſerva toute ſon attention pour le contact intériéur. A 9ʰ 16′ 40″ M. Borgrewing avertit qu'il appercevoit une petite échancrure ſur le bord du Soleil, ce qui fut confirmé quelques ſecondes après par le Pere Sainovics. Le Pere Hell regardant alors avec une lunette de 8 pieds & demi, eſtima que la partie du diſque de Vénus qui étoit déja ſur le Soleil pouvoit être évaluée à deux minutes de degrés ; & que par conſéquent le véritable contact extérieur

devoit

devoit être arrivé environ 30″ de temps avant le moment que M. Borgrewing avoit fixé, c'eſt-à-dire 9ʰ 16′ 10″. Quoique la hauteur du bord du Soleil où Vénus venoit d'entrer ne fût que de 7° 37′, on voyoit parfaitement & diſtinctement les bords de la petite planete. Il fallut redoubler d'attention pour l'obſervation du contact intérieur. Il me paroît impoſſible d'apporter plus de ſoin, de mettre plus de concert, & de mieux diſtinguer toutes les circonſtances que le firent nos Obſervateurs. Le Pere Hell, muni d'une lunette achromatique du ſieur Dollond de 10 pieds & demi, obſerva, pour ainſi dire, en trois temps le contact intérieur de l'entrée. A 9ʰ 23′ 37″,6 le limbe de Vénus lui parut avoir preſque recouvré ſa forme circulaire. Le Pere Sainovics, avec une lunette de la même longueur, fixa cette apparence 5″ plutôt. A 9ʰ 34′ 4″,6 les limbes de Vénus & du Soleil ſemblerent au Pere Hell parfaitement circulaires, de ſorte qu'ils paroiſſoient ſe toucher ſans mordre l'un ſur l'autre. A 9ʰ 34′ 10″,6 un filet de lumiere entre les bords de Vénus & du Soleil annonça au Pere Hell la ſéparation des deux diſques. Le Pere Sainovics obſerva ce filet de lumiere 3″ plutôt; & M. Borgrewing avec une lunette de 8 pieds & demi ne le remarqua qu'à 9ʰ 34′ 32″,6; la hauteur du bord du Soleil étoit alors de 6° 33′. Bientôt après le ciel ſe couvrit, le Soleil diſparut, & jetta nos Obſervateurs dans l'appréhenſion de ne pouvoir obſerver la ſortie de Vénus. Cette circonſtance empêcha même de déterminer aucune poſition de Vénus dans le cours du paſſage : la plus grande partie de l'expédition alloit être manquée ſans un vent de nord-eſt dont le ſouffle heureux vint nettoyer la partie du ciel où ſe trouvoit le Soleil quelque temps avant le moment de la ſortie, dont l'obſervation fût faite dans les circonſtances les plus favorables. A 15ʰ 27′ 24″, 6 le limbe de Vénus étant près de toucher le bord du Soleil, le Pere Hell ap-

V

perçut comme une goutte noire (1) se former entre les bords des deux planetes. Le P. Sainovics apperçut aussi cette goutte noire, mais ne fixa pas le moment de sa formation. A 15ʰ 27′ 35″,6 les bords des deux planetes se confondirent en détruisant la goutte noire. Le P. Sainovics fixa ce moment une seconde plus tard, & M. Borgrewing 8″ plutôt ; ce qui devoit arriver ainsi, relativement à l'effet de sa lunette qui lui avoit fait appercevoir l'entrée plus tard que les autres. La hauteur du bord du Soleil à ce premier contact de la sortie étoit de 9° 43″. Enfin la sortie totale fut déterminée par le R. Pere Hell à 15ʰ 45′ 40″,4, ou 44″,4′ ; par le Pere Sainovics à 15ʰ 45′ 45″,4, & par M. Borgrewing à 15ʰ 45′ 38″,4, le bord du Soleil étant à 10° 4′ 0″ de hauteur.

Observation faite à San-Joseph en Ca-lifornie.

Je ne répéterai point ici ce que j'ai dit précédemment sur le Voyage de Californie. Les deux premieres parties de cet Ouvrage en contiennent des détails suffisants. Je dirai seulement que la destination de M. Chappe n'avoit pas été d'abord pour la Californie ; on desiroit infiniment qu'il pût aller dans la Mer du Sud, situation la plus favorable pour l'observation. M. Chappe projettoit en conséquence de se rendre dans quelqu'une des isles de Salomon, situées vers 180° de longitude, & 8° de latitude australe ; mais il ne pouvoit pénétrer dans ces parages que sur un vaisseau Espagnol, & avec la permission de la Cour d'Espagne, peu curieuse ordinairement de laisser les Etrangers prendre connoissance de ces mers. Aussi la négociation qui fut entamée à ce sujet ne put-elle réussir ; mais en dédommagement on consentit d'accorder passage à M. Chappe sur la flotte qui de-

---

(1) Voyez *Observatio transitûs Veneris ante discum Solis, die 3 Junii, anno 1769. Wardhoëhusii, &c. a R. P. Maximiliano Hell, e S. J.*

voit partir pour l'Amérique septentrionale, & on lui permit de s'établir dans tel lieu du Mexique qu'il desireroit, & même de pénétrer jusqu'à la Californie La Cour d'Espagne voulut de plus partager l'honneur de cette expédition, en nommant de son côté deux Astronomes pour se joindre à M. Chappe, & faire avec lui l'observation du passage de Vénus. Il fut décidé en conséquence que M. Chappe iroit en Californie, & s'établiroit le plus près qu'il pourroit de la pointe australe de cette presqu'isle vers le cap Saint Lucas, afin d'avoir la durée la plus courte possible. Le Lecteur a été précédemment instruit des détails de ce voyage, & il ne se rappelle sans doute qu'avec peine ce qu'il a coûté. Les fruits que l'Astronomie a retirés de cette observation précieuse ne lui ont rendu que plus sensible, & perpétueront à jamais le souvenir de la mort de M. Chappe, & de Don Salvador de Médina, l'un des Astronomes Espagnols.

Tandis que M. Chappe avec les Espagnols dirigeoit sa route vers la Californie, une frégate Angloise, partie incognito de Plimouth le 22 Septembre 1768, alla doubler le cap Horn, pour entrer dans la Mer du Sud sans en attendre la permission de l'Espagne. Cette frégate, nommée *l'Endeavour*, étoit commandée par le Capitaine Cook. M. Green, habile Astronome, éleve du célebre Bradley, & le Docteur Solander, savant Naturaliste, éleve de M. de Linné, y étoient embarqués. Le but étoit de connoître quelques isles de la Mer du Sud, d'en découvrir d'autres nouvelles, & de chercher à faire l'observation du passage de Vénus dans la position la plus favorable que l'on pourroit trouver. Ce projet fut rempli avec tout le succès possible. Nos Voyageurs découvrirent une quantité d'isles nouvelles. Ils aborderent entre autres le 13 Avril 1769 à l'isle de Taïti, située par 228° 12' de longitude à l'occident de Paris, & 17° 28'

Observatio dans la M du Sud.

5″ de latitude auſtrale. C'eſt là qu'ils ſe fixerent pour l'obſervation du paſſage de Vénus. Le temps fut des plus favorables. MM. Green, Cook & Solander obſerverent tous trois de concert. Les deux premiers virent le contact extérieur de l'entrée à 5″ de différence l'un de l'autre; mais le contact intérieur, ou la formation du trait de lumiere qui eut lieu dès que le ligament noir ſe détacha, fut fixé 20″ plutôt par M. Green que par M. Cook: l'obſervation de M. Solander tint à-peu-près le milieu entre les deux autres, & c'eſt ce milieu qu'il eſt convenable de prendre dans cette occaſion; de ſorte que l'on doit fixer ce premier contact intérieur à 9ʰ 44′ 4″. Il y eut encore 10″ de différence entre l'obſervation de M. Green & celle de M. Solander lors du ſecond contact intérieur marqué par l'interruption ſubite de lumiere entre les bords des deux planetes. L'on doit prendre auſſi le milieu & fixer ce ſecond contact intérieur à 15ʰ 14′ 8″, ce qui donne la durée du paſſage de 5ʰ 30′ 4″. La plus courte diſtance des centres fut déterminée par M. Green de 10′ 25″,4. Cette meſure a été priſe avec un micrometre de Dollond. Telle eſt l'obſervation dont le ſuccès nous étoit ſi important, & qui devoit ſervir de terme de comparaiſon à toutes les autres, & principalement à celles du Nord. Elle couta la vie à celui à qui nous en fûmes redevables. M. Green mourut aux Indes à ſon retour. Un autre Aſtronome éprouva le même ſort dans le même lieu. M. Veron avoit accompagné M. de Bougainville dans ſon voyage du Tour du Monde; étant arrivé de trop bonne heure dans la Mer du Sud, il fut obligé de paſſer outre, & de renoncer à y faire l'obſervation du paſſage comme il l'avoit projetté. Arrivé à l'Iſle de France, il voulut gagner Pondichéry, y arriva trop tard, & mourut bientôt après, plus à plaindre que MM. Chappe, Médina, & Green, qui avoient eu au moins la conſolation d'avoir rempli leur objet.

TABLE générale des Observations du passage de Vénus sur le disque du Soleil, le 3 Juin 1769.

Noms des Lieux.	Observateurs.	Longitude orientale − occident. +	Latitude.	Entrée de Vénus sur le disque du Soleil. 1er contact.	2d contact.	
	Messieurs.	H. M. S.	D. M. S.	H. M. S. Le 3 Juin	H. M. S. au soir.	
...ARIS, l'Obsatoire Royal.	Cassini de Thury.				7 38 53	Lunette achr. 3 pi. ½.
	Maraldi.	0 0 0	48 50 14		7 38 50	Lunette achr. de 3 pi.
	Duc de Chaulnes.				7 38 58	Lunette achr. 3 pi. ½.
...ège de Louis-Grand.	Messier.				7 38 45	Lunette achr. 12 pieds.
	Baudouin.				7 38 51	Lunette achr. 3 pieds.
	Zannoni.				7 38 41	Télesc. Grég. 3 pieds.
....	Fouchy.				7 38 33	Télescope de 30 pouc.
	Bailly.	+ 0 0 14½	48 51 0		7 38 31	
	Bory.				7 38 33	Lunette achr. 5 pieds.
t-Hubert.	Le Monnier.	+ 0 1 57	48 43 25		7 34 56½	Lunette achr. 10 pi. ½.
	Chabert.				7 35 32½	Lunette de 18 pieds.
en.	Bouin.				7 33 45	
	Dulague.	— 0 4 59	49 26 43		7 33 40	
loule.	d'Arquier.				7 35 8	
	Garipuy.	+ 0 3 35	43 35 54		7 35 30	
t.	Verdun.				7 11 36	Lunette de 16 pieds.
	Duval le Roy.	— 0 27 23	48 23 0		7 12 7	Lunette de 14 pieds.
rdeaux.	Larroque.	+ 0 11 39	44 50 18		7 27 5	Télesc. Grég. 27 pou.
gars.	D'Après.	+ 0 22 0			7 15 55	
Mission près de Caen.	Rochefort.	+ 0 10 47	49 11 10	7 9 20	7 27 7	
	Pigott.			7 9 38	7 26 24	Lunette achr. 6 pieds.
rede.	Faugere.	+ 0 11 36½	44 40 43		7 27 16	Télesc. de 32 pouces.
enwich.	Maskelyne.			7 10 58	7 29 23	Télescope de 2 pieds.
	Dunn.	+ 0 9 16	51 28 40	7 10 37	7 29 48	Lunette achr. 3 pi. ½.
	Hirst.			7 11 11	7 29 18	Télescope de 2 pieds.
	Dollond.			7 11 19	7 29 20	Lunette achr. 3 pi. ½.
hal-Square.	Canton.	+ 0 9 32	51 31 15	7 10 44¼	7 29 15¼	Télesc. grossit 95 fois.
tinfriars.	Aubert.	+ 0 9 35		7 10 28¼	7 29 0¼	Télesc. grossit 110 fois.
v.	Doct. Bevis.	+ 0 10 30	51 29 45	7 9 59	7 28 17	Télesc. de 3 pieds ½.
ndfor.	Harris.	+ 0 11 40	51 28 15	7 8 29¾	7 26 37¾	Télesc. de 18 pouces.
burn.	Maclesfield.	+ 0 13 17	51 39 22		7 25 28¼	Lunette achr. 3 pi. ½.
	Bartlett.				7 25 26	Lunette de 14 pieds.
	Hornsby.				7 24 13¾	Lunette de 12 pieds.
ford.	Clare.				7 24 28	Lunette achr. 6 pieds.
	Sykes.	+ 0 14 20	51 45 15	7 6 0	7 24 22	Lunette achr. 3 pi. ½.
	Horsley			7 5 39¼	7 24 18¼	Télescope de 18 pouc.
s Leicester.	Ludlam.	+ 0 13 51	52 37 3	7 7 1	7 25 9	Lunette achr. 33 pouc.
wkill.	Milord Alemoor.	+ 0 21 50	55 57 37	6 59 49	7 16 48	Télesc. de 18 pouces.
	James Hey.			6 59 46	7 16 51	Lunette achr. 3 pi. ½.

Suite de la Table.

Noms des Lieux.	Observateurs.	Longitude orientale − occident. + (H. M. S.)	Latitude. (D. M. S.)	Entrée de Vénus. 1r contact. (H. M. S.)	2d contact. (H. M. S.)	
	Messieurs.			Le 3 Juin	au soir.	
Glascow	Wilson.	+ 0 26 27	55 51 32	6 54 31 ½	7 11 57 ¼	Télesc. de 18 pouces
	D. Reid.			6 54 28	7 12 24	
Cap Lezard . . .	John Bradley.	+ 0 30 0	49 57 30	6 50 7	7 8 27	Télescope de 2 pieds.
Gibraltar	Jardine.	+ 0 28 46	36 4 44	6 51 8	7 8 21	
Cadix	Tofino.	+ 0 34 28	36 31 7	6 46 35	7 2 30	Lunette de 7 pieds.
Stockolm	Wargentin.			8 23 51	8 41 47	Lunette de 21 pieds.
	Ferner.	− 1 2 51	59 20 31	8 24 8	8 41 48	Lunette achr. 10 pi.
	Wilcke.			8 24 6	8 41 45	Télesc. de 18 pouces
Upsal	Melander.			8 22 1	8 40 12	Lunette de 20 pieds.
	Bergman.	− 1 1 1	59 51 50	8 22 45	8 40 9	Lunette de 21 pieds.
	Salénius.			8 22 15	8 40 15	Lunette de 12 pieds
Grypswald	Henri Rohl.	− 0 43 46	54 4 20		8 22 47	Lunette de 16 pieds.
Ponoi	Mallet.	− 2 36 48	67 4 30	9 56 33,3	10 15 3,7	Lunette achr. 12 pi.
Cap Nord	Bayley.	− 1 34 50	71 0 47		9 14 56	Télescope de 2 pieds
Saint-Domingue, cap François.	Pingré.			2 26 12 ½	2 44 44	Lunette achr. 5 pied
	Fleurieux.	+ 4 58 24	19 57 3	2 26 14 ½	2 44 45	Lunette achr. 2 pi.
	Lafiliere.			2 26 16 ½	2 44 41	Lunette achr. 3 pied
Fort Royal	R. P. Christophe.	+ 4 14 40	14 35 50	3 15 14	3 33 57	
Cambridge, Nouvelle Angleterre.	Winthrop.	+ 4 54 20	42 25 0	2 30 4	2 47 30	Télescope de 2 pied
Norriton	Smith.			2 12 50	2 30 15	Télescope 2 pieds ½
	Lukens.	+ 5 10 50	40 9 56	2 13 13	2 30 11	Lunette de 4 pieds
	Rithenouse.			2 12 49	2 29 55	Lunette de 36 pieds.
Lewestown	Biddle.	+ 5 9 52	38 47 27		2 32 13	Lunette achr. 4 pi.
Philadelphie	Erving.	+ 5 10 20	39 56 55		2 31 24	
	Prior.				2 31 36	
Isle Coudre	Wright.	+ 4 45 46	47 31 41		2 50 50	Télescope de 2 pied
Mexico	A. de Alzate.	+ 6 50 0	19 54 0		12 55 35	
				Sortie de Vénus.		
Pétersbourg . . .	R. P. Mayer.			15 25 43,7	15 43 40	Lunette achr. de 18
	Le Frere Stahl.	− 1 52 0	59 56 23	15 25 33,7	15 43 13,7	Télescope 3 pieds ½
	Lexell.			15 25 40,7	15 43 23,7	Télescope 2 pieds ½
	Albert Euler.			15 25 47,7	15 44 30,7	Lunette achr. 7 pie
Orenburg	Krafft.	− 3 31 20	51 46 0	17 5 6	17 23 34	
Orsk	Euler.	− 3 44 30	51 12 32	17 18 26	17 36 57	
Gurjef	Lowitz.	− 3 18 47	47 7 7	16 52 55	17 11 6	
Pekin	R. P. Dollieres.	− 7 36 23	39 55 15	21 8 24	21 27 0	Lunette de 18 pieds
	R. P. Collas.			21 8 49	21 26 54	Lunette de 14 pied
Dinapoor	Degloss.		25 27 0 Sud	19 5 22	19 23 36	
Batavia	Mohr.	− 6 57 53	6 12 0	20 30 13	20 48 31	Télesc. Grég. 3 pi.
Yakoutsk	Isleniel.	− 8 29 50	62 1 50	10 2 36	10 18 56 ½	
Manille	D. E. de Ronas.	− 7 54 4 ½	14 36 8	9 25 45	9 43 26	

Observations de la durée du passage de Vénus en 1769.

Noms des Lieux.	Observateurs.	ENTRÉE DE VÉNUS. Premier contact.	Second contact.	SORTIE DE VÉNUS. Premier contact.	Second contact.
	Messieurs.	H. M. S.	H. M. S.	H. M. S.	H. M. S.
Wardhus, dans a Mer Glaciale	R. P. Hell.	. . .	9 34 10,6	15 27 35,6	15 45 40,4
	R. P. Sainovics.	. . .	9 34 7,6	15 27 36,6	15 45 45
	Borgrewing.	9 16 10	9 34 32,6	15 27 28,6	15 45 38,4
Kola.	Rumowski.	. . .	9 42 2	15 35 22	
Fort du Prince de Galles, dans la baie d'Hudson.	Dymond.	0 57 0,6	1 15 25,3	7 0 48,5	7 19 20,2
	Walles.	0 57 7,6	1 15 21,3	7 0 45,5	7 19 1,2
Cajanebourg.	Planman.	. . .	9 20 45 $\frac{1}{2}$		15 32 27
Ste. Anne en Californie.	Velasque.	11 55 45	0 14 10	5 53 36	6 11 59
San-Joseph en Californie.	Chappe.	11 59 17	0 17 26,9	5 54 50,3	6 13 19,1
	Doz.	11 59 14	0 17 25	5 54 47,5	6 12 41
	Médina.	11 59 18	0 17 30	5 54 47,5	6 12 46
Isle du Roi Georges, ou de Taïti, dans la Mer du Sud.	Green.	9 25 40	9 43 55 $\frac{1}{2}$	15 14 3	15 32 14
	Cook.	9 25 45	9 44 15	15 14 13	15 32 2
	Solander.		9 44 2 $\frac{1}{2}$		15 32 13

On ne remarqua point dans ce second passage le même phénomene qu'en 1761 ; je veux dire que l'on ne vit point autour de Vénus ce croissant ou cet anneau lumineux dont nous avons parlé précédemment (1). Mais on observa très distinctement & presque généralement *une goutte noire* (pour m'exprimer comme la plupart des Astronomes) ou une espece de *ligament qui, au moment des contacts intérieurs de Vénus & du Soleil, sembla réunir & attacher, pour ainsi dire, leurs bords l'un à l'autre, ainsi*

Phénomene du ligament noir qui joint les bords de Vénus & du Soleil.

(1) Si quelque Observateur l'a apperçu dans ce second passage, l'observation n'a pas été assez générale pour en faire mention.

qu'il arriveroit à peu près à la féparation ou à l'approche de deux corps ou globes enduits d'une matiere glutineufe. *Vénus au premier contact intérieur parut s'alonger en fe féparant du bord du Soleil qui fembloit attaché au fien : & au fecond contact intérieur, le bord de Vénus parut s'alonger pour aller joindre celui du Soleil qui fembloit l'attirer.* Cette apparence contribua beaucoup dans ce dernier paffage à l'exactitude de l'obfervation. Les bons Obfervateurs en profiterent parfaitement pour fe procurer un même point de comparaifon entre leurs obfervations, en faififfant un même inftant, une même circonftance, comme celle, par exemple, de la rupture du ligament au premier contact intérieur. En 1761 ce même phénomene avoit eu lieu, mais peu d'Aftronomes l'avoient remarqué : le plus grand nombre, faute d'avoir été prévenus, n'y avoient fait aucune attention, & dans ce cas cette circonftance avoit tourné au défavantage de l'obfervation. C'eft à cette raifon du moins que je croirois devoir attribuer en grande partie le peu d'accord qu'ont donné la plupart des obfervations dans leur réfultat. En effet, par l'obfervation de Wardhus en 1769, nous voyons que dans le contact intérieur de l'entrée on a pu remarquer fenfiblement trois différentes circonftances, trois différents inftants, & qu'entre le premier & le troifieme inftant il y a eu 13″ d'intervalle : or tel Obfervateur qui aura pris le premier inftant pour le moment du contact, différera beaucoup de celui qui aura pris le troifieme inftant. C'eft fans doute ce qui a occafionné d'auffi grandes différences que l'on en a remarqué entre des obfervations du paffage de Vénus, faites cependant dans le même lieu. A Paris en 1761, MM. Maraldi, la Lande & Joly ont obfervé chacun le contact intérieur de la fortie avec des lunettes de même longueur ; cependant entre les heures qu'ils ont marquées, il y a eu 17″ de différence de la plus petite à la plus grande. A Upfal, MM. Stromer & Mallet ont déterminé la durée, l'un de 24″, & l'autre de 19″ plus

courte

courte que M. Bergman. A Tornéa, l'obfervation de M. Hellant a fait la durée de 5ʰ 50′ 9″; celle de M. de Lagerborn de 5ʰ 50′ 21″. Eft-il étonnant que de pareilles obfervations on ait tiré des réfultats fort différents entre eux? En 1769, les Obfervateurs, prévenus & exercés par le dernier paffage, durent naturellement beaucoup mieux obferver. Ils étoient convenus de prendre pour le moment du premier contact intérieur celui où le bord de Vénus fe féparant du bord du Soleil, la goutte ou le ligament noir viendroit à fe rompre & laifferoit appercevoir un filet de lumiere; & de même pour le fecond contact intérieur on devoit prendre l'inftant où la formation de la goutte noire interromproit le filet de lumiere qui marquoit la féparation des deux difques. Or il eft certain que les Aftronomes qui auront diftingué & déterminé également bien ces deux inftants, doivent trouver l'accord le plus fatisfaifant dans le réfultat de leurs obfervations; & ce feroit alors le cas d'efpérer d'obtenir la parallaxe du Soleil à un cinq-centieme près : mais fongeons que pour atteindre à cette précifion il ne faudroit pas qu'il y eût plus d'une feconde d'erreur dans les obfervations, ce qui eft impoffible; car les meilleurs Obfervateurs ont avoué qu'il pouvoit y avoir 3″ ou 4″ d'incertitude, foit en plus, foit en moins, fur l'heure qu'ils ont fixée pour les contacts (1). Le Pere Hell prétend avoir obfervé la rupture du ligament, au contact intérieur de

La rupture du ligament à l'entrée, & la difparition du filet de lumiere à la fortie, étoient les deux inftants les plus faciles à obferver, & les plus propres à fixer les deux contacts intérieurs.

---

(1) Remarquons avec le Pere Hell que c'eft improprement que l'on dit : *l'obfervation des contacts*. Les vrais contacts de Vénus & du Soleil font impoffibles à obferver. C'eft ce qu'il eft facile de démontrer. En effet, ne faut-il pas qu'au moment de l'entrée le difque de Vénus morde fenfiblement fur celui du Soleil pour que l'Obfervateur s'apperçoive du commencement du paffage ? Or le moment où l'on apperçoit la moindre petite échancrure eft celui où les deux difques fe coupent déja, & non pas celui ou les deux planetes ne faifoient que de fe toucher. Ce n'eft donc que par eftime que l'on peut

X

l'entrée, à moins d'une seconde d'incertitude (1) ; mais tous les Obfervateurs n'auront peut-être pas faifi cet inftant avec la même vivacité, & n'auront pas eu des circonftances auffi favorables. L'état de l'atmofphere, l'effet des lunettes influent infiniment fur une femblable obfervation ; & c'eft à quoi l'on devroit avoir plus d'égard dans le choix des données que l'on veut calculer. On cherche la parallaxe du Soleil par un même contact déterminé en différents lieux ; on prend indifféremment l'obfervation de Paris, celle de Pékin, celle de Rome, &c. mais dans chacun de ces lieux, eft-ce de la même façon

---

juger que le moment de l'attouchement ou du vrai contact a précédé l'inftant de la premiere obfervation de tant de fecondes, felon que l'échancrure a paru plus ou moins grande; & l'on peut fort bien commettre une minute d'erreur dans cette eftime du contact extérieur. Arrive enfuite le contact intérieur : l'Obfervateur le fixe au moment fenfible où il voit un filet de lumiere féparer les deux difques ; mais c'eft là le moment où les deux difques étoient déja féparés, & non pas celui où ils ne faifoient que de fe toucher en un feul point, où il n'y avoit aucun intervalle entre eux , fans cependant que l'un mordît fur l'autre. Le vrai contact eft donc déja paffé au moment où l'Obfervateur apperçoit le filet de lumiere ; mais de combien de temps a-t-il précédé l'obfervation ? Ce n'eft que par eftime que l'on peut en juger à 10″ près. On dira la même chofe des contacts de la fortie. L'on doit par conféquent diftinguer *les vrais contacts* d'avec ceux que l'on peut appeller *les contacts optiques*. Ces derniers font ceux qui fe rendent fenfibles à l'œil de l'Obfervateur. Ceci, au refte, n'eft pour ainfi dire qu'une queftion de mots ; il fuffit, pour l'objet que l'on fe propofe, de déterminer un même inftant. Les contacts optiques bien obfervés valent autant que les vrais contacts, s'ils pouvoient être déterminés. On doit feulement conclure de tout ce que je viens de dire, qu'il n'eft pas poffible de faire ufage des contacts extérieurs pour la détermination de la parallaxe du Soleil, on ne doit employer que les contacts intérieurs.

(1) *Mihi , ob faventes cœli circonftantias , contactus ifte adeo momentaneus vifus eft , ut de unius fecundi certitudine dubitare non voluerim.* (Obferv. Tranf. pag. 60.)

que l'on a déterminé le moment du contact? eft-ce avec des lunettes d'un effet à peu près femblable (1)? eft-ce par un ciel également ferein? Peut-on, par exemple, faire ufage avec fureté des obfervations de Paris & d'autres lieux en 1769, où le Soleil étoit fi près de l'horizon que fes bords étoient tremblants, & Vénus abfolument défigurée? Auffi je penfe que dans ce fecond paffage l'on doit s'en tenir abfolument aux obfervations de la durée, qui ayant heureufement été déterminée dans les lieux les plus favorables & avec le plus grand fuccès, nous offrent le moyen le plus fûr & le plus concluant de déterminer la parallaxe du Soleil avec la derniere exactitude. Cent autres obfervations du fimple contact, ou de la plus courte diftance, feroient fans doûte d'un moindre poids : comme plus fufceptibles d'erreurs, elles ne feroient que jetter de l'incertitude fur le dernier réfultat qui doit être adopté, & nous laifferoient peut-être dans la même indécifion qu'en 1761.

Parmi les fept obfervations de la durée du paffage de Vénus fur le difque du Soleil en 1769, il y en a cinq qui paroiffent faites avec toute l'exactitude poffible & dans les circonftances les plus defirables & les plus propres à faire

Durée du paffage ob-
fervé en
1769.

---

(1) Je penfe que ce n'eft que par l'expérience que l'on peut par-faitement juger de l'effet des lunettes, & établir entre elles une comparaifon. Il y a maintenant à Paris plus d'une douzaine de lu-nettes achromatiques de trois pieds de longueur, toutes de la même conftruction & du même artifte, M. Dollond. Il s'en faut de beau-coup qu'elles faffent toutes le même effet. Il eût donc été à defirer que les Obfervateurs qui devoient fe difperfer dans différents lieux, pour l'obfervation du paffage de Vénus, euffent, avant de partir, comparé entre elles les lunettes qu'ils devoient y employer, par nombre d'obfervations faites enfemble & de concert. Il eût alors été aifé de réduire leurs obfervations du paffage, comme fi elles avoient été faites avec la même lunette & par le même Obfervateur ; ce qui n'auroit pas peu contribué à la juftesse & à l'accord des réfultats.

X ij

efpérer un réfultat exact. Telles font les obfervations de Wardhus, du Fort-du-Prince, de Cajanebourg vers le nord, & celles de l'isle de Taïti & de San-Jofeph, vers le fud, ainfi que les offre la Table fuivante.

Noms des Lieux.	Durée obfervée.		
	H.	M.	S.
Wardhus. . .	5	53	14
Fort du Prince.	5	45	24,5
Cajanebourg.	6	11	41,5
San-Jofeph. . .	5	37	23,4
Ifle de Taïti.	5	30	4

Perfonne n'a difcuté ces obfervations avec plus de foin & de fagacité que M. de la Lande. Le Public ne peut favoir trop de gré à cet Aftronome de l'empreffement & du zele avec lequel il lui a rendu compte du réfultat de chaque obfervation à mefure qu'elle lui eft parvenue. Je ne puis mieux faire ici que de donner le précis de l'excellent Mémoire que cet Académicien vient de publier, & dans lequel il a raffemblé toutes fes recherches fur cette matiere (1). La Table fuivante offre les réfultats de fes calculs pour la parallaxe du Soleil dans les moyennes diftances. On trouvera la méthode expliquée fort au long dans le fecond volume de fon *Aftronomie*, édition de 1771, & dans le Mémoire que nous venons de citer.

____

(1) A Paris, chez Lattré, Graveur, rue S. Jacques.

Noms des Lieux.	Wardhus.	Cajane-bourg.	Le Fort du Prince.	San-Joseph.
PARALLAXE du Soleil, déduite de la durée en 1769.				
Le Fort du Prince.	9″, 08	8″, 49		8″, 56
San-Joseph. . . .	8, 81	8, 48	8″, 56	. . .
Isle de Taïti . . .	8, 72	8, 52	8, 55	8, 53
Parallaxe moyenne.	8, 90	8, 50	8, 55 $\frac{1}{2}$	8, 54 $\frac{1}{2}$

En omettant d'abord toute considération particuliere, on voit qu'en général les observations de la durée du passage s'accordent à fixer la parallaxe du Soleil entre 8″, 50, & 8″, 90, dont le milieu est 8″, 70. Tel est aussi le résultat adopté par le R. P. Hell. M. Euler, d'après ses calculs, le fixe à 8″, 68. M. Wallot, Correspondant de l'Académie Royale des Sciences, a lu cette année à nos Assemblées les résultats d'un travail considérable sur le passage de Vénus, d'où il conclut la parallaxe du Soleil dans ses moyennes distances de 8″, 76. M. Pingré établit cette parallaxe de 8″, 88. Enfin M. de la Lande prétend que la parallaxe moyenne doit être incontestablement réduite à 8″ $\frac{1}{2}$.

Différentes parallaxes adoptées par différents Astronomes.

Quoique la différence qui partage ces Astronomes ne soit que de trente-huit centiemes de seconde, cette quantité néanmoins faisant près d'un vingt-troisieme de la parallaxe totale, n'est point un objet à négliger ; il est essentiel de discuter avec attention lequel des différents résultats énoncés ci-dessus doit être préféré. Mettons le Lecteur à portée d'en décider lui-même, en lui présentant les raisons qui peuvent appuyer le sentiment de chaque Auteur.

En jettant les yeux sur la Table précédente, on voit

d'abord qu'il y a sept résultats qui fixent avec un accord singulier la parallaxe du Soleil entre 8″,48, & 8″, 56. L'observation seule de Wardhus s'éloigne assez considérablement de toutes les autres, & n'a pas à beaucoup près le même accord entre ses propres résultats. Telle est la remarque que fait M. de la Lande : il se décide en conséquence à rejetter l'observation de Wardhus, & n'adoptant que les quatre autres dont les sept résultats ne s'écartent entre eux que d'un huit-centieme de seconde, du plus petit au plus grand, il a pour parallaxe moyenne 8″, 52, ou en nombre rond 8″ $\frac{1}{2}$. Pour confirmer ce résultat il a calculé avec cette parallaxe de 8″ $\frac{1}{2}$ plusieurs autres observations de simples contacts, dont il a déduit des durées qui s'accordent parfaitement entre elles, en les rapportant à l'observation de Paris, comme on le peut voir par la Table suivante.

Noms des Lieux.	Durée réduite au centre de la Terre.	Noms des Lieux.	Durée réduite au centre de la Terre.
	h ′ ″		h ′ ″
Wardhus. . . .	5 42 21,6	Cajanebourg. .	5 41 50,9
Isle de Taïti. . .	5 41 46,9	Fort du Prince. .	5 41 51,7
Gurief.	5 41 47	Orenbourg. . .	5 41 54
San-Joseph. . .	5 41 48	Pékin.	5 41 55
Iakustsk.	5 41 49		

On voit encore que l'observation de Wardhus est la seule qui s'éloigne du résultat commun ; & que toutes les autres se concilient parfaitement entre elles, dans la supposition d'une parallaxe de 8″ $\frac{1}{2}$. Telles sont les preuves sur lesquelles M. de la Lande fonde son opinion. Mais voyons ce que l'on peut y opposer.

M. Pingré, loin de rejetter l'obſervation de Wardhus, prétend au contraire devoir l'adopter & en faire ſon terme de comparaiſon, tandis qu'il ſupprime celle de Cajanebourg. La raiſon qu'il donne eſt certainement plauſible : l'obſervation de Wardhus paroît avoir été faite avec tout le ſoin, le concert & l'habileté poſſible ; elle eſt extrêmement complette, & celle de Cajanebourg l'eſt beaucoup moins ; le contact intérieur de la ſortie n'y ayant pas été obſervé, il faut le conclure par le calcul. En conſéquence M. Pingré n'employant qu'une ſeule durée obſervée dans le nord, celle de Wardhus, y compare toutes les autres ; & voici ſes réſultats.

	Iſle de Taïti.	San-Joſeph.	Fort du Prince.	Parallaxe moyenne.
Wardhus.	8,″86	8,″88	9,″29	9,″07

Il eſt à remarquer que M. Pingré ſuppoſe la durée de Wardhus de $5^h\,53'\,27''$, plus grande de 14″ que celle qu'a employé M. de la Lande.

La parallaxe moyenne entre ces trois réſultats ſeroit naturellement de 9″,07 : mais M. Pingré, d'après la combinaiſon & le calcul de nombre d'autres obſervations, ſe détermine à adopter 8″,88. Si M. Pingré, après avoir comparé les durées de l'iſle de Taïti, de San-Joſeph & du Fort-du-Prince à celle de Wardhus, eût enſuite comparé ces durées entre elles deux à deux, les réſultats qu'il en eût tirés euſſent été pour le moins auſſi concluants que ceux qu'il a cherchés par les obſervations de ſimples contacts, & peut-être ſe fût-il rapproché de l'opinion de M. de la Lande.

MM. Euler, Wallot & le P. Hell ont ſuivi le ſenti-

ment de M. Pingré par rapport à l’obſervation de Cajanebourg, & ils trouvent toùs trois, à très peu près, le
même réſultat, qui tient préciſément le milieu entre celui
de M. de la Lande & celui de M. Pingré, comme on le
voit ci-deſſous.

Parallaxe du Soleil.

Selon M. de la Lande [en rejettant Wardhus].	8″, 50
[en adoptant Wardhus].	8 70
Le P. Hell	8 70
M. Euler.	8 68
M. Wallot.	8 76
M. Pingré	8 88

La queſtion me paroît donc ſe réduire à ſavoir ſi l’obſervation de Wardhus doit être adoptée, ou ſi l’on doit y
ſubſtituer celle de Cajanebourg. Il me ſemble qu’il eſt
aiſé de ſe décider ſi l’on en juge par l’accord de la plura-
lité des réſultats. Au reſte, le temps, à qui tout doit ſa
perfection, éclaircira ſur cet article mieux que nous ne
le pouvons faire. Sans doute la longitude de nombre d’endroits où les contacts ont été obſervés, venant un jour à
être parfaitement déterminée, de nouveaux calculs procu-
reront de nouveaux réſultats, de nouvelles combinai-
ſons, qui contribueront à confirmer ou à rectifier nos connoiſſances actuelles: en attendant, la parallaxe moyenne
de huit ſecondes & demie étant celle qui s’accorde avec
les meilleures obſervations, celle qui avoit déja été indiquée par le paſſage de 1761 ; on peut, à ce que je crois,
l’adopter, ſans craindre de s’éloigner beaucoup de la vérité.
Il me ſemble du moins que la plupart des Aſtronomes ſe
rendent à cette opinion, & même qu’ils ſe félicitent d’ê-
tre parvenus à la ſolution complette & ſi deſirée d’un
problême qui, juſques-là, leur avoit couté tant de travaux mêlés de tant d’incertitudes.

    Ayant une fois établi la véritable quantité de la paral-
laxe du Soleil, on en a fait l’application à la perfection

du

Réſultat du
paſſage de
1769. Paral-
laxe de 8″ ½
adoptée.

du systême planétaire. La vraie distance des planetes entre elles, & respectivement au Soleil ou à la Terre, a été
dès-lors fixée. On n'en connoissoit jusqu'à présent que
le rapport : nous pouvons maintenant assigner ces distances
en lieues, ainsi que les autres éléments des planetes. En
voici le calcul fait par M. de la Lande.

Noms des Planetes.	Diamétres à la distance moy. du Soleil.	Diamétres en lieues de 2283 toif.	Diamétres par rapport à la Terre.	Grosseur par rapport à la Terre.	Densité par rapport à la Terre.	Masse par rapport à la Terre.	Vîtesse des graves à la surface.	Distances moyennes en lieues.
le Soleil.	31' 57", 5	323155	112,79	1435025	0,25463	365412	433,80	34761680
la Terre.	17,0	2865	1,	1	1	1	15,1038	. . .
la Lune.	4,915	782	0,3141	0,02036	0,68706	0,01399	2,83	84515
Mercure.	7,0	1180	0,41176	0,06981	2,0377	0,14226	12,673	13456204
Vénus.	16,52	2785	0,97196	0,91822	1,2750	1,1707	18,717	25144250
Mars.	11,4	1921	0,67059	0,30155	0,72917	0,21988	7,3853	52966122
Jupiter.	3 13,7	32644	11,394	1479,3	0,21984	340,00	39,55	180794791
Saturne.	2 51,7	28936	10,100	1030,3	0,10450	106,90	15,829	331604504
Anneau.	6 40,6	67518	23,567	. . .	. . .	. . .	. . .	idem.

L'observation des passages ne nous a pas été moins
utile pour la théorie particuliere de Vénus, en nous pro-
curant les résultats suivants.

	en 1761.	en 1769.
Diametre de Vénus observé.	58"	57",2
Plus courte distance des centres de Vénus & du Soleil.	9' 30"	10' 7",7
Demi-durée du passage.	2ʰ 59' 8"	2ʰ 50' 58"
Heure de la conjonction de Vénus & du Soleil.	5ʰ 50' 19" Temps vrai.	10ʰ 14' 12" Temps vrai.
Lieu de la conjonction.	8ˢ 15° 36' 10"	2ˢ 13° 27' 21"
Latitude.	0° 3' 49",3 Auft.	0° 4' 4",4 Bor.
Lieu du Nœud.	2ˢ 14° 31' 30"	2ˢ 14° 36' 8"

Y

Tel eſt à-peu-près le précis des recherches les plus intéreſſantes par rapport à la parallaxe du Soleil. Je ſouhaite que le tableau que je viens d'en offrir, ait préſenté au Lecteur une idée nette & inſtructive de cette matiere. J'aurois pu ſans doute entrer dans de plus grands détails, par des diſcuſſions critiques & détaillées ; mais peutêtre n'aurois-je fait qu'alonger ce Mémoire, le rendre plus obſcur, ſans procurer d'autres réſultats que ceux auxquels on eſt déja parvenu. J'ai tâché de faire mention des travaux les plus connus & des meilleurs écrits qui aient eu pour but la recherche de la parallaxe du Soleil ; ſi j'ai omis cependant d'en citer quelques-uns non moins dignes d'éloges, ſi je n'ai point parlé de tous les voyages, ſi je n'ai point rapporté toutes les obſervations qui ont pu être faites, je prie les Auteurs de m'excuſer : il ne m'a pas été poſſible d'avoir connoiſſance de tout ce qui s'eſt paſſé, ſur-tout chez les Etrangers. Je devois auſſi éviter les trop longs détails qui deviennent à la fin rebutants & ennuyeux. Lorſque deux autorités m'on ſuffi, j'ai cru inutile d'en emprunter dix (1). Au reſte je prie le Lecteur de faire attention que ce n'eſt ici qu'un ſimple Mémoire auquel j'ai oſé donner le titre d'*Hiſtoire abrégée de la Parallaxe du Soleil*, dans l'intention d'inſpirer à quelque autre l'idée d'en donner une hiſtoire complette à laquelle j'aurai eu la ſatisfaction de contribuer.

---

(1). Il y a peut-être deux cents Mémoires compoſés à l'occaſion du paſſage de Vénus & de la parallaxe du Soleil ; on les trouvera répandus ſoit dans les Journaux, ſoit dans les Mémoires des différentes Académies. Chaque Aſtronome a donné ſes obſervations, ſes réſultats, ſon opinion ; un in-folio n'auroit pas ſuffi, s'il eût fallu recueillir toutes ces voix, & les diſcuter l'une après l'autre.

FIN.

De l'Imprimerie de Fr. Ambroise DIDOT, rue Pavée.

Fig. 1.
f
a
b
c
d
e
Fig. 2.
a
b
c
Fig. 3.
c
Fig. 4.

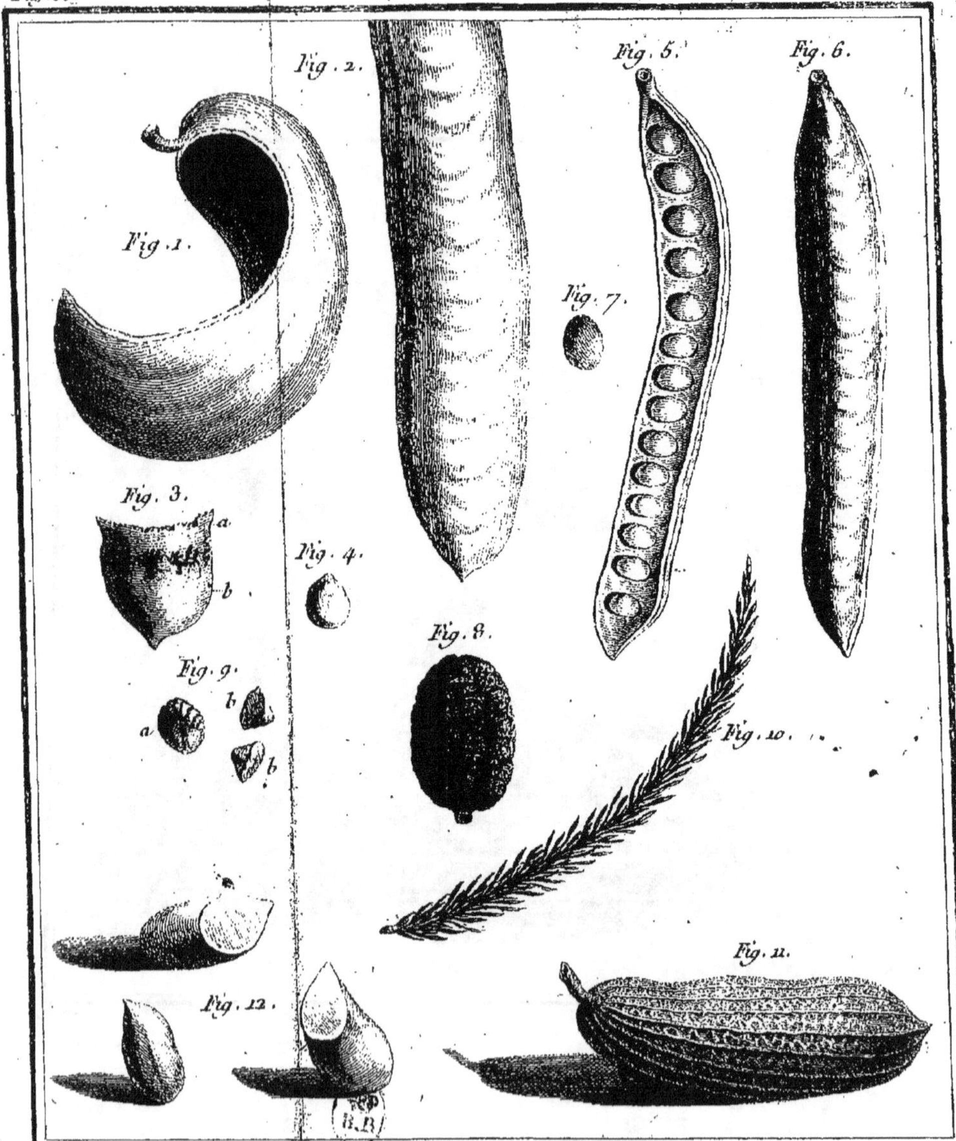

Fougeroux del.

Elisth. Haussard Sculp.

PRIVILEGE DU ROI.

gere dans aucun lieu de notre obéiſſance : comme auſſi à tous Libraires & Imprimeurs, d'imprimer ou faire imprimer, vendre, faire vendre & débiter leſdits ouvrages, en tout ou en partie, & d'en faire aucunes traductions ou extraits, ſous quelque prétexte que ce puiſſe être, ſans la permiſſion expreſſe & par écrit deſdits expoſants, ou de ceux qui auront droit d'eux, à peine de confiſcation des exemplaires contrefaits, de trois mille livres d'amende contre chacun des contrevenants, dont un tiers à nous, un tiers à l'Hôtel-Dieu de Paris, & l'autre tiers auxdits expoſants, ou à celui qui aura droit d'eux, & de tous dépens, dommages & intérêts. A la charge que ces Préſentes feront enregiſtrées tout au long ſur le Regiſtre de la Communauté des Imprimeurs & Libraires de Paris, dans trois mois de la date d'icelles ; que l'impreſſion deſdits Ouvrages ſera faite dans notre Royaume, & non ailleurs, en bon papier & beaux caracteres, conformément aux Réglements de la Librairie ; qu'avant de les expoſer en vente, les manuſcrits ou imprimés qui auront ſervi de copie à l'impreſſion deſdits Ouvrages, ſeront remis ès mains de notre très cher & féal Chevalier, le Sieur D'AGUESSEAU, Chancelier de France, Commandeur de nos Ordres ; & qu'il en ſera enſuite remis deux exemplaires dans notre Bibliotheque publique, un dans celle de notre Château du Louvre, & un dans celle de notredit très cher & féal Chevalier le ſieur D'AGUESSEAU, Chancelier de France ; le tout à peine de nullité des Préſentes. Du contenu deſquelles vous mandons & enjoignons de faire jouir leſdits Expoſants & leurs ayants cauſe, pleinement & paiſiblement, ſans ſouffrir qu'il leur ſoit fait aucun trouble ou empêchement. Voulons que la copie des Préſentes, qui ſera imprimée tout au long au commencement ou à la fin deſdits Ouvrages, ſoit tenue pour duement ſignifiée, & qu'aux copies collationnées par l'un de nos amés féaux Conſeillers & Secrétaires, foi ſoit ajoutée comme à l'original. Commandons au premier notre Huiſſier ou Sergent ſur ce requis de faire pour l'exécution d'icelles tous actes requis & néceſſaires, ſans demander autre permiſſion, & nonobſtant clameur de haro, charte Normande, & lettres à ce contraires : Car tel eſt notre plaiſir. DONNÉ à Paris, le dix-neuvieme jour du mois de Février, l'an de grace mil ſept cent cinquante, & de notre regne le trente-cinquieme. Par le Roi en ſon Conſeil. M O L.

Regiſtré ſur le regiſtre XII de la Chambre Royale & Syndicale des Libraires & Imprimeurs de Paris, N°. 430, fol. 309 ; conformément au Réglement de 1723, qui fait défenſes, art. 4, à toutes perſonnes de quelque qualité & condition qu'elles ſoient, autres que les Libraires & Imprimeurs, de vendre, débiter, & faire afficher aucuns livres pour les vendre, ſoit qu'ils s'en diſent les Auteurs, ou autrement, à la charge de fournir à la ſuſdite Chambre huit exemplaires de chacun préſcrits par l'article 108 du même Réglement. A Paris, le 5 Juin 1750.

LEGRAS, Syndic.